2011—2020 年国家古籍整理出版规划项目

『十三五』国家重点出版物出版规划项目

中国兰花古籍注译丛书

莳兰实验

（清）郑同梅 著

莫磊 郑黎明 汪秀先 译注校订

中国林业出版社

图书在版编目（CIP）数据

莳兰实验/莫磊，郑黎明，汪秀先译注校订．—北京：中国林业出版社，2022.3
（中国兰花古籍注译丛书）

ISBN 978-7-5219-1625-6

Ⅰ．①莳… Ⅱ．①莫… ②郑… ③汪… Ⅲ．①兰科－花卉－观赏园艺 Ⅳ．①S682.31

中国版本图书馆CIP数据核字（2022）第054962号

莳兰实验

责任编辑：印　芳

插　　图：石　三（共三幅）

出版发行：中国林业出版社（100009 北京西城区刘海胡同 7 号）

电　　话：010-83143565

印　　刷：河北京平诚乾印刷有限公司

版　　次：2022 年 4 月第 1 版

印　　次：2022 年 4 月第 1 次印刷

开　　本：710mm×1000mm　1/16

印　　张：8.5

字　　数：110 千字

定　　价：58.00 元

　　明朝人余同麓的《咏兰》诗中有"寸心原不大，容得许多香"的诗句。我想这个"许多香"，应不只是指香味香气的"香"，还应是包括兰花的历史文化之"香"，即史香、文化香。

　　人性的弱点之一是有时有所爱就有所偏，一旦偏爱了，就会说出不符合实际的话来。京中每有爱梅花者，常说梅花历史文化是最丰厚的；洛中每有爱牡丹者，常说牡丹历史文化是最丰富的。他们爱梅花、爱牡丹，爱之所至，关注至深，乃有如上的结论。我不知道他们是否考察过我国国兰的历史文化。其实，只要略为考察一下就可知道，在主产于我国的诸多花卉中，历史文化最为厚重的应该是兰花。据1990年上海文化出版社出版，花卉界泰斗陈俊愉、程绪珂先生主编《中国花经》所载，历代有关牡丹的专著有宋人仲休的《越中牡丹花品》等9册，有关梅花的专著有宋人张镃的《梅品》等7册，而兰花的专著则有宋人赵时庚的《金漳兰谱》等多达17册。中华人民共和国成立后这几种花的专著的数量，更是相差甚远：牡丹、梅花的专著虽然不少，但怎及兰花的书多达数百种，令人目不暇接！更不用说关于兰花的杂志和文章了。历史上有关兰花的诗词、书画、工艺品，在我国数量之多、品种之多、覆盖面之广，也是其他主产我国的诸多花卉所不能企及的。

　　我国兰花的历史文化来头也大，其源盖来自联合国评定的历史文化名人、大思想家、教育家孔子和我国最早的伟大浪漫主义爱国诗人屈原。其源者盛大，其流也必浩荡。

弘扬我国兰花的历史文化，其中主要的一项工作是对兰花古籍的整理和研究。近年来已有人潜心于此，做出了一些成绩，这是可喜的。今春，笔者接到浙江莫磊先生的来电，告诉我中国林业出版社拟以单行本形式再版如《第一香笔记》《艺兰四说》《兰蕙镜》等多部兰花古籍，配上插图；并在即日，他们已组织班子着手工作，这消息让人听了又一次大喜过望。回忆十几年前的兰花热潮，那时的兰界，正是热热闹闹、沸沸扬扬、追追逐逐的时候，莫磊先生却毅然静坐下来，开始了他的兰花古籍整理研究出版工作。若干年里，在他孜孜不倦的努力下，这些书籍先后都一一得以出版，与广大读者见面，受到大家的喜爱。

十余年后的现今，兰市已冷却了昔日的滚滚热浪，不少兰人也不再有以往对兰花的钟爱之情，有的已疏于管理，有的已老早易手，但莫磊先生却能在这样的时刻，与王忠、金振创、王智勇等几位先生一起克服困难，不计报酬，坚持祖国兰花文化的研究工作，他们尊重原作，反复细心考证，纠正了原作初版里存在的一些错误，还补充了许多有关考证和注释方面的内容，并加上许多插图，有了更多的直观性与可读性，无疑使这几百年的宝典，焕发出新意，并在中国林业出版社领导的重视下，以全新的面貌与广大读者见面，为推动我国的兰花事业继续不断地繁荣昌盛，必起莫大的推动作用。有感于此，是为之序。

刘清涌
时在乙未之秋于穗市洛溪裕景之东兰石书屋

鄭同梅先生造像

　　《莳兰实验》是一册百年古传的兰蕙经典。何谓"莳（shì）"？莳，栽种也。柳宗元《种树郭橐驼传》有说："其莳也若子，其置也若弃……"何谓"实验"？则实际效验也。原作者郑同梅先生，号意园主人（1862—1940），生于浙江归安（今湖州市）丝绸之乡双林古镇的大户人家，是位有名望的读书人，也是晚清至民国期间浙江著名的大兰家。

　　本书成稿于1902—1912年间，至今已百年有余，其间因日寇对我国的侵略战争所致的灾难，郑先生曾将自己心爱的兰蕙，悉数连盆埋于老家院中，就此依依不舍地告别与自己朝夕相伴的兰花，带着家小，离别老家，客居沪地避难。时局的动荡和颠沛流离的生活境遇，被视若珍宝的《莳兰实验》手稿，只能一直被掩藏在郑先生的箱底里。眼看度日如年的苦难岁月似乎没有了尽头，而想到已经到了暮年的自己，也不知哪天会突然躺倒不起，于是郑先生思量再三之后，毅然取出了蓝印花布包裹着的手稿，颤颤巍巍地交给比自己年轻的同心兰友，一位沪地的文化人杨怀白先生保存，叮嘱他以后要设法出版，可是在后来那数十年并不太短的日子里，"手稿"竟一直石沉大海，杨先生和他的那些朋友只觉它的宝贵，却也无力出版此书。

　　直至1955年春三月，一位在沪的书画鉴定家、文化人沈剑知先生受杨怀白先生请托，全文照样抄录杨氏所保存的郑氏《莳兰实验》手稿，此后郑氏这手稿就如泥牛入海，而沈氏《莳兰实验》的抄稿则成为人世间唯一的留存，并转手到沪地爱兰的文化人何乃龙先生手中，我们从沈氏抄稿第59页上查得一方盖有"何乃龙"三字的印章，可以足证沈剑知《莳兰实验》的抄稿曾被何氏收藏过，估计何氏并无机会能直接抄录到郑氏的手稿，即使他所抄得的，也只能是沈氏的抄本了。不过这"沈剑知抄本"亦已经弥足珍贵，得之不易了。

随后，这"沈氏抄本"辗转来到江苏兰文化遗物传承人殷继山先生手里，转瞬间时日竟又过去了近半个世纪之久。此时我们有幸得到殷先生赠予由沈剑知先生抄录的《莳兰实验》复印件，首先使我们感动的是江苏太仓殷继山先生的偌大胸怀，是他向全国的兰友献出未曾出版过的原作手稿，其次我们想到的是要把这兰文化经典之作能早日成书发行，给全国的兰友分享，使这沉睡百年的《莳兰实验》手稿，能尽早翻身见到天日，以实现郑同梅先生的夙愿。于是就立即动手做起全书的译注工作，同时联系了中国林业出版社，也得到出版社领导何增明先生的支持。仔细想想，我们该感谢谁？首先感谢郑同梅前辈写了这样一卷好兰书；感谢杨怀白先生、何乃龙先生、殷继山先生，他们视该书稿为珍宝，并能精心保存；感谢沈剑知先生抄录原稿，使《莳兰实验》能得以传后；感谢中国林业出版社，终使这经典之书能几次得以出版发行。

《莳兰实验》的写作要点是"实验"二字。整书内容围绕兰的品性而展开，用精炼又朴实的语言述说兰所需要的环境、栽培、管护等一系列与兰有密切关系的章节，它们都是养兰人在养兰实践中会遇到的并且又是必须知道的学问和技能，全书犹如一个个实验汇集而成的一份份报告，有成功因素的交代与结语，有失败原因的追踪与分析，字里行间透露出郑先生踏踏实实、一丝不苟的科学态度与求实精神，并且都是郑先生自己的真知灼见。

《莳兰实验》与别的兰书相比具有"创新"的特色，是古今兰书之佼佼者。概括出"燥泥"可以催发新草，可以逼出花苞；"清养"可以使小草、弱草获得休养生息的机会，进而才可能茁壮成长。指出用肥不当的种种后果是"必多易败之虞"。并对古人"干兰湿菊"笼统的经验之谈提出了质疑。说出了自己关于兰在一年里对水分的需要应该是"干湿有时"的主张，具体是：春初，宜潮润；春分后，雨可稍透；入夏，如稍有干，即当围浇；秋天，秋风秋燥，更不可干；冬天，兰入花房，不宜湿亦不可太干，总之以略润为好的等等创见。

纵观《蒔兰实验》沈氏抄稿，共十九章（原书称节，下同），其中春兰和蕙兰计十八章、建兰一章，用旧式竖格公文稿纸抄录，我们在熟悉全文的过程中，发现许多页的顶格（天格）处，有密密麻麻补充的文字，乃是正文所未及却又是跟主页有联系的内容，根据抄录者沈氏所述，他的抄稿均为郑氏手稿原样，想来这些顶格上的文字，应是郑先生自己写完正稿后在不断重审中所作的陆续补充。这次本书拟将这些补充的内容，不再分载到内容相关的各章里去，而是保持它们原样，将它们取名"拾遗"，集中增编为第十九章，又将建兰随后顺移为第二十章，并将抄本全书的"则"改为"节"，以适应通常书本里以章节成文的惯例，亦可方便读者的查考。

译注者记于信安蓝天茗苑
2020 年 10 月 1 日

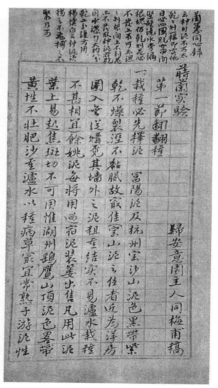

目录

莳兰实验

归安·意园主人　同梅甫稿
信安·云天主人　莫磊　郑黎明校订译注

第一章·翻种（共十二节）

【一】栽种必先择泥

富阳泥[1]及杭州宝沙山泥[2]，色黑带紫，干不燥裂，湿不粘腻[3]，故为最佳（宝沙山泥之佳者，近为洋房圈人，无从购觅，其墙外之泥粗重结实，不易滤水，栽种不甚相宜）。余姚泥，每将用过宿泥[4]，装篓出售，凡用此泥，叶上易起焦斑，切不可用。惟湖州鹁鹰山顶泥[5]，色略带黄，性不壮肥，沙重滤水[6]，以种病草最宜。常熟子游泥[7]，其色淡黄，且有细空珠[8]者，余曾试种，亦无佳处。

注释

[1] **富阳泥** 即富阳石牛山上的泥土。

[2] **宝沙山泥** 谓杭州北里湖北宝石山上的泥土，"沙"字应改为"石"字，系谐音被误。

[3] **湿不粘腻** 指泥土保水及排水的物理性能良好，浇水后不会黏稠。

[4] **宿泥** 已栽过花卉的陈（老）土。

[5] **鹞鹰山顶泥** 在湖州市南碧浪湖风景区，现因多年过量采石，山体已大范围缩小，致使无泥可采。

[6] **沙重滤水** 沙重：土质含沙量过多；滤水：即透水性强。

[7] **子游泥** 子游（公元前560~？），春秋时吴国人，言氏，名偃。孔子学生，擅长文学。曾为武城宰，提倡以礼乐为教。其坟墓在江苏虞山，后人称坟边之泥为子游泥，取以栽培花木。

[8] **有细空珠** 土壤中混杂有较多细小如珠的石粒。

今译

要栽培兰蕙，首先必定要选取好的植料。以富阳牛头山和杭州宝石山的泥土最佳，颜色紫黑，干时不会开裂、湿时不会黏结。余姚有人把栽植过花的老泥土装竹篓里卖钱，要是用这种泥土栽兰，兰叶上容易发生黑斑，绝不能用。唯有湖州鹞鹰山上的泥，颜色黑中带黄，不太肥沃、沙性较重、透水性好，适宜病株、弱株的"清养"。常熟子游坟边泥，性易干、色淡黄，泥中杂有小石粒，我也曾用这种泥植兰，并不觉得有什么好的效果。

【二】种泥又宜筛用[1]

先将泥出篓[2]，装黄砂缸、置露天，听雨旸数月[3]，然后取出晒干，用竹丝筛（即米店所用筛米之竹筛，惟边宜略加高）将泥筛净，如有竹根浮草（易腐之物）及虫蚁诸物，尽行去净[4]，以泥粗细分贮[5]，大甏[6]加盖（防猫狗溺粪）。至用时，以清水略润[7]，以手捏可并为度[8]。

🌸 注释

[1] **种泥又宜筛用** 种泥：为栽兰的泥土即植料；宜：最合适；筛用：用竹筛筛过，去除杂物，才可用作栽兰。
[2] **出篓** 把装在竹篓里的山泥倒出。
[3] **听雨旸数月** 听：任让；雨：雨淋；旸：日晒；数月：几个月。
[4] **尽行去净** 尽行：尽量地；去：清除；净：干净。
[5] **以泥粗细分贮** 以：按照；分：分开；贮：存放。
[6] **甏** 亦称瓮，用陶土制成的大口坛子，
[7] **清水略润** 略：约略、稍微。意指存放的干泥土，在种植前先要喷些洁净的水，使泥土变潮些再栽兰。
[8] **手捏可并为度** 手捏：把手中泥土用力一捏；可并：能成团不散；为度：为标准、要求。

🌸 今译

植料要先经过筛后再用。把装于竹篓里的泥土倒入黄砂缸或摆放在

露天里，任其日晒雨淋几个月，然后取来晒干，用竹筛筛过（筛泥的筛子以其边比筛米的筛子略高为好），把竹根、草根及蚂蚁等小虫和各种杂质去除干净，再根据泥的粗细分别存放在大瓯里，并加上盖。到需用时，可从陶缸里将泥取出，用清水稍喷湿，以手捏能成团即可。

【三】栽盆不宜求大

种盆宽大，每不见发[1]，其病在根不收水[2]，宜视[3]根之多寡、长短，以定[4]盆之大小、深浅，方为合法[5]。此非有意拘执[6]，实因盆口紧者，草易起发。惟夏秋盆小易涸[7]，必须加意慎防[8]，以灌溉透彻为妙（若验浇透之法，一举盆之轻重便知）。

注释

[1] **每不见发**　不见：没有发现过；发：生长旺盛。
[2] **根不收水**　指兰根吸水能力差，兰株耗水量小，盆泥老是不肯干。
[3] **宜视**　最好根据。
[4] **以定**　以：根据；定：决定。
[5] **方为合法**　方为：才能称得上；合法：方法合理。
[6] **拘执**　拘：拘泥；执：执意。
[7] **涸**（hé）　干燥。
[8] **加意慎防**　加意：特别注意；慎防：小心预防。

栽植盆器过于宽大，反而经常见兰草生发不好，原因是盆泥过多，兰根则长期处于过湿状况下。所以必须根据兰根的多少和长短来选用盆器的大小和深浅，才称得上方法合理。这并非是作者主观执意要求这样，实在是出于实践所知，盆适当小点，反能使兰草容易生发得好，只是在夏季里，由于盆小而致使盆泥易干，所以必须格外引起重视，在浇水时务必把水浇透为好（检查盆泥是否浇透了水，只要双手一端盆子，感觉是轻是重，便可知道）。

【四】盆底蚌壳搭法

小孔盆先以蚌壳离孔安放，次则架壳遮孔连迭数层，取其空能滤水并透风气。若盆孔大者，当以蚌壳离开搭起，不可贴紧，并放平凸起，层层收小。每盆约迭四五层，仍得架空之妙[1]，不使活动[2]最为紧要，蚌壳须用来年无腥气者[3]，庶可不惹虫蚁[4]。

注释

[1] **架空之妙** 架空：将蚌壳背朝上层层迭成空心锥状体；妙：好方法。

[2] **不使活动** 蚌壳要一片片迭稳，不能让位置有稍微移动。

[3] **来年无腥气** 来年：第二年；无腥气：没有腥味。

[4] **庶可不惹虫蚁** 庶可：期望能够；惹：招引；虫蚁：泛指危害兰株生长的小昆虫。

如何搭好排水孔上的蚌壳？若小孔盆，先把一片蚌壳放在排水孔边，再把第二片蚌壳的一边搁在第一片上，另一边盖住排水孔，然后按不同位置再向上迭放几层。目的是能透气、排水。如果是大孔盆，先应把蚌壳围绕排水孔周围搭匀一圈，第二圈再平盖在它们的背上，一层一层向上迭高，并慢慢收小，约需迭上四五层，使呈平稳的宝塔形，目的仍是为了利于排水和透气。蚌壳要选取经年的，闻之没有腥味，这样才可免招致虫蚁的后患。

【五】根泥可勿全拆[1]

翻种时，根块之泥可勿全拆，即剩一圆块泥亦无不可。盖因[2]全拆再种，则近根之泥必松，不惟花不得力[3]，且易于低下受水[4]，其根亦渐变空矣，如遇根空者，仍以修净全拆为是。

注释

[1] **可勿全拆**　可勿：可以不必；拆：除净。意为兰株翻盆时不必把粘在根上的老泥土全部除净。

[2] **盖因**　盖：大概；因：原因。

[3] **不惟花不得力**　不惟花：不仅于花、不光使花；不得力：不能得到足够的养料。

[4] **易于低下受水**　易于：容易造成；低下：疑为"底"下，即盆泥下部；受水：因新加盆土疏松而造成下部盆泥吸水过多，致兰根生长不适而渐成空壳。

翻种兰株时，黏附在根上的老泥可不必全部除净，就是带个小泥球上盆也没有关系。大概的说，根土除净再种，会造成新泥疏松，一时不能紧贴兰的根部，不仅植株不能充分吸收到养料，还因底部之泥过湿而造成根肉霉烂，久之就只剩空壳。上盆时如发现植株有空根，仍以除净老泥，剪去根为好。

【六】翻种须换新泥

翻种之法，莫妙于年换新泥[1]，使花得力，易于起发[2]。若仅翻盆而不换泥，仍以原盆原泥种之亦无不可。然总不如年换新泥之为得也[3]。

[1] **莫妙于年换新泥**　莫妙于：没有比这更好的（办法）；年换新泥：每年换新泥。

[2] **易于起发**　容易使植株生长得兴旺。

[3] **得**　得当、合适。

兰花翻种时以每年更换新土为最好，因新土养料充足，能使植株容易生发。如果仅是翻种一下，当然也可以仍用原盆老土再种，但总不如每年换新土的做法为最恰当。

【七】宜"坐种"不宜"立种"

"坐种"之法，先将盆底蚌壳搭好，以粗粒泥铺底，再用细泥领高与盆口齐，以手指挖泥成一圆圈，中央之泥用两手按实，置兰其上，使芦底根条坐入于泥，再将长根垂下理清，随意盘曲四边（惟不可贴着盆边，须以细泥围护），然后加泥做成盆面，此即谓之"坐种"[1]。

"立种"之法，将细泥领尖齐盆口，即置兰于中间，随手加泥，用手指徐徐插实，即再加泥做好盆面，此所谓之"立种"[2]。

二法虽相似，而不知"坐种"者，根根着泥，芦底一无空隙，花易得力、起发。"立种"者，泥虽用指插实，设有[3]指不能插之处，依然留空，遗患不小，轻则不发，重则烂根，故栽种手法不可不讲。

注释

[1] **坐种** 即盆底加粗泥一层，并把细泥徐徐倒入盆中，再在中间挖个洞，把兰株置放在泥洞里，然后把兰根朝下一根一根地安排妥帖，最后加泥使根与泥紧密结合。

[2] **立种** 盆底加粗泥之后，随即向盆内徐徐倒入细泥呈圆锥状，至锥尖与盆口齐平后，即把兰株放在盆中分开兰根坐于泥尖上，接着再随手加泥，并用手指插根间之泥，所缺之泥尚需再不断补充，使根与泥，能密切结合着根舒展。

[3] **设有** 设：假如、如果；有：指存在。

今译

　　栽植兰之苗株以采用"坐种"方法为好，尽量不要采用"立种"。"坐种"法，用蚌壳按牢固要求搭好盆底，先铺上一层粗泥之后，随即加上细泥与盆口等高，再用手扒开泥使中间成一个下凹的圆，然后放上兰株、理齐兰根，不可让根紧贴盆的内壁，最后加泥做好盆面；"立种"法，先搭好盆底的蚌壳层，接着倒上粗泥再倒上细泥使呈宝塔形，使塔尖近盆口高，然后放上植株、整理好垂下的兰根，条条使之舒展，然后再徐徐加细泥，并不断用手指插实根间之泥，做好盆面。二法虽然有相似之处，但"坐种法"能根根着泥，花易服盆起发。"立种法"盆泥虽用手指插过，但如留有手指不能插到之处，兰根仍不能紧密接触泥土，后患严重，轻一点会生长不良，严重一点则会烂根致萎，所以讲究栽植方法很是重要。

【八】栽种之深浅

《兰言述略》云："蕙喜浅，兰更喜浅，此培植之方[1]也"。种蕙顶泥[2]须高于芦者[3]二分；种兰顶泥高于芦者一分，如种过深，久雨必起白虱[4]，叶之精神顿减，须翻浅为宜。

注释

[1] 培植之方　栽培兰蕙的好方法。

[2] 顶泥　盆泥的表层土。

[3] 高于芦者　芦者：假鳞茎。指盆面泥土需少量盖住假鳞茎（芦头），以市尺计，兰为一分，蕙为二分。

[4] 白虱　白蜡介壳虫。

今译

栽植兰蕙要注意深浅。袁世俊在《兰言述略》中说："蕙喜浅，兰更喜浅"。所说就是栽培的方法。种蕙兰的泥面必须高过假鳞茎二分；种春兰的泥面应高过假鳞茎一分，如种得过深，在久雨天时就会孳生介壳虫，一旦被寄生，植株就会突然没有生气，所以必须以浅种为好。

【九】盆面之高低

盆中馒头顶泥[1]谓之盆面，视[2]根条之长短而定其高低，上铺蜈蚣草宜平薄，再将细泥散入[3]轻轻按实，用喷筒浇透，每日以水洒润，避阳数日，庶苕草成[4]，而盆面固矣（若将盆浸小缸中，从盆底晕透盆面[5]，骤然[6]提起，深恐根底之泥脱空，为患不小，切忌如此）。蜈蚣草最易蔓延，尤须不时[7]修剪，此非仅供雅观，实防逢雨盆泥沾入叶管[8]，致为[9]抽心之烂耳。如宿盆不翻种者，盆草宜芟[10]而后种，毋[11]使草根滋蔓[12]，致水浇难透，易于蒸损根本[13]也。每经一年，必芟草重种（蜈蚣草根细如发，布满盆面，芟种时将细根剪去，能拨分使薄），实为此故。

注释

[1] 馒头顶泥　形容栽植春蕙兰株时，人工做成的圆球状盆面土，因形状似馒头故称。

[2] 视　根据。

[3] 散入　撒播到。

[4] 庶苕草成　庶：众多；苕（tiáo）草：形容长得繁茂的草；成：形成。

[5] 晕透　慢慢渗透。

[6] 骤然　突然、一下子。

[7] 不时　常常、时刻。

[8] 沾入叶管　泥水溅进兰株的叶缝中。

[9] 致为　以致造成。

[10] 芟（shān）　除去、清除。

[11] **毋使** 毋（wú）：不要、不可；意指不希望让某物。

[12] **滋蔓** 滋生蔓延。

[13] **蒸损根本** 蒸：郁闷不透气；损：损害；根：兰根；本：兰株。

把盆土表面做成弧状，称为"馒头形"盆面，做低些好，还是做高些好？应根据兰根具体长短来决定。盆面所铺蜈蚣草要平而薄，草上撒些干的细泥，并用手轻拍盆壁，使细泥进入草缝，接着用喷壶把水洒透，此后数日只需洒水，以润为度，并避阳光。数日之后，众多蜈蚣草都已成活滋长，盆面泥也就牢固（如把花盆浸在小水缸中，水从盆底向上渗透至盆面，此时如突然用力提起花盆，恐怕会因水的吸力，造成盆底部之泥脱空，造成不轻的后患，千万不可这样做）。

蜈蚣草生长迅速，尤其需要经常修剪，这并非光是为了有好的观赏性，实在是为了遇天下雨时，防止雨水溅起盆泥，进入兰草叶缝、叶心，造成刚抽生的心叶遭受腐烂的后果。对于那些不翻盆的"老盆口"草，最好是把盆上长的蜈蚣草先拔去再重种，切不可让蜈蚣草根过多地繁衍整盆，会使盆泥浇水难以通透，也易使泥中兰根郁闷而受损。所以每年需将护面草拔除重种（护面草根细如发，布满整盆，重栽时宜先剪去细根，分扯致薄后再种），这样做的目的都是为了使兰蕙根株能够长好。

【十】湿泥不能翻种

盆泥潮湿，颇难动手。根条长者，必盘曲盆中，湿泥胶根[1]，翻动易断。须先将泥拨松，徐徐将花翻出，然后去尽湿泥，其花则置风爽处[2]，待根条干燥、色白带皱、可以盘曲，方换泥种盆。

注释

[1] 胶根　兰根上黏附着湿泥。

[2] 置风爽处　置：摆放、放置；风爽处：通风的地方。

今译

　　翻盆时如果遇到栽兰的盆泥潮湿，较难动手翻种。翻盆时遇长的兰根，必须盘曲盆中，如果还有湿泥黏着在根上，则翻动时兰根很容易被折断，所以翻盆时先要小心地拨松老盆泥土，再缓缓地翻出兰株，然后除净根上湿泥，并将兰株放置在通风处，待根条变得较干、根色变白、根皮带皱变软、能盘曲自如时，才可以换新泥、上盆。

【十一】种泥[1]不可晒热

　　甲辰春三月间，"吉字"兰翻种后，忽然叶色全变，嗣[2]即尽萎。细详[3]其病，或因上冬受蒸[4]所致（上冬天不严寒，藏室受蒸）。后将芦蒂[5]翻出细验，视着芦之根皆有一节腐烂，虽根长，仍属无用，以剪修净，仅存不腐根四五条，将芦蒂用绳系于透风处，竟日[6]换新泥复种（甲辰四月八日），阴养匝月[7]（如日间移避不见阳处，夜出受露），依然枯萎。秋后仍无新芽，即再翻，视根尽腐烂，芦蒂尽空。细察其情[8]，曾记春翻盆时，适在午膳，待饭后随即种盆，讵知[9]盆泥晒热，致蒸烂根芦莫治[10]。热泥种盆，其害如此，宜深戒之。

[1] **种泥**　植料，指栽兰所用的培养土。

[2] **嗣**　嗣（sì）：以后。

[3] **细详**　仔细地观察分析。

[4] **蒸**　闷热而又不透气。

[5] **芦蒂**　兰假鳞茎。

[6] **竟日**　一整天。

[7] **匝月**　匝（zā）：满。指十足的一个月。

[8] **细察其情**　细察：仔细观察；情：情况。

[9] **讵知**　讵（jù）：表反问；知：知道。即岂知、哪知。

[10] **蒸烂根芦莫治**　蒸烂：受闷热郁积；根芦：兰之假鳞茎及兰根；莫治：无法救治。是指因用了晒热的盆土栽兰，使假鳞茎和兰根遭受闷热而通气不畅郁积致病而萎败。

　　给兰上盆，不可用晒热的植料。农历甲辰（1844）年的春三月里，我翻种春兰'吉字'，种后没过几天，忽见叶色全部变成暗黄，随后便整盆枯萎。仔细分析病因，原来是去冬时兰花受到闷热蒸郁所致（去年冬季系暖冬，无大冷天，兰藏于室内受闷郁）。后即翻盆细查，发现假鳞茎与根相连接的地方，都有一节是腐烂的，虽根尚长，但仍属无用。经把腐根修尽，仅留存无病根四五条，再用细绳将芦头连好根吊起挂于临风处整整一天之后（即1844年农历四月初八），全换新泥重栽，并阴养整整一月（日间移置阴处，晚间搬出受露），却依然枯萎，等到秋末时仍旧没见新芽发出。于是再次翻盆观察，见根芦已全成空壳。又再次细查原因，曾忆起今春翻盆时正值午膳，待餐后随即动手上盆，岂知所用之泥已被太阳晒热，是用了热土栽兰，致使兰的根芦受热蒸闷而无法可救。用热泥栽兰的害处就是这样，应当吸取深刻的教训。

【十二】盆底衬用点锡[1]。

通用蚌壳衬垫盆底，然搭法不善[2]，必致[3]活动不实。今改良以锻造锡椀[4]，匀钻其孔[5]，复[6]于盆底，较蚌壳更易滤水透气。

注释

[1] **点锡** 用锡浇铸而成带小孔的杯形"水罩"。
[2] **不善** 不恰当、不周到。
[3] **必致** 必定造成。
[4] **锡椀** 椀：即碗，字义古通。指盖住兰盆底部排水孔，采用锡浇铸而成的杯形物。
[5] **匀钻其孔** 言在杯状体上均匀地钻出许多小孔，以利植料透气排水。
[6] **复** 盖住。

今译

　　以往人们栽兰，通常用蚌壳来作为排水孔垫衬之物，但常因搭得不够得当而致位子移动不实，现今改用称为"水罩"的杯状锡碗，它被整体均匀地钻满许多小圆孔，把它盖在兰盆的排水孔上，其排水性和透气性效果及牢度都要比用蚌壳做的好上许多。

第二章·位置

　　露天位置，宜于西南方隅[1]，起得朝阳[2]最佳，兰置近南[3]稍阴，蕙则偏北[4]取阳，此不无区别也。盖阳重[5]，虽易发新草而亦易起焦头[6]，要之[7]名贵之种、柔嫩之质，总不可太过不及[8]。阳太过，绿种[9]起花色变淡黄，不能净绿；赤种[10]更赤，亦欠雅观矣！种场须宽畅，棚高八九尺，帘舒卷始便[11]，至于供盆高低，通行[12]二尺三四寸，而须离墙五六尺，免受直角阳光之逼炽[13]。倘棚搭不高，又虑遮风闭气[14]也。故从事于此[15]，贵察地局之机宜[16]。

注释

[1]　西南方隅　隅（yú）：角边；指花盆置放在西南边。

[2]　起得朝阳　起：早晨起床之时；得：得到、接受；朝阳：早晨的阳光。

[3]　兰置近南　置：摆放；近南：兰盆放在靠南这边，即朝东北方。

[4]　蕙则偏北　指蕙盆置放近北边，即朝东南方。

[5]　盖阳重　盖：承上意申述理由；相当于如果的意思；阳重：光照过强。

[6]　起焦头　起：生成；焦头：形容兰蕙植株的叶尖变成黑色。

[7]　要之　要：珍贵。指艺术与经济价值高的珍稀品种。

[8] **太过不及**　太过：指兰蕙接受过强的光照；不及：片面考虑某一点，没有全面顾及到。

[9] **绿种**　绿壳绿干花品种。

[10] **赤种**　兰蕙赤干赤壳花品种。

[11] **帘舒卷始便**　帘：芦帘；舒：舒展、摊开；卷：卷拢、收起；始：都感到；便：方便自如。

[12] **通行**　普遍所采用的方法。

[13] **直角阳光之逼炽**　直角：以数学90°之角形容阳光直晒；逼：给人以威胁；炽：言骄阳如炉火一样。

[14] **虑遮风闭气**　虑：怕、担心；遮：遮挡；闭气：通气不畅。

[15] **从事于此**　要做好（搭棚）这件事。

[16] **贵察地局之机宜**　贵：最重要的事；察：细看、调查；地局：环境；机宜：采取的办法。

置放兰盆，选庭园西南角为好，取其大清早就能接受阳光。最好把春兰盆摆放在近南边稍阴的地方，面朝东北方；蕙兰盆放在偏北位置，面朝东南方，可以接受南边较长时间的光照。但这也要区别对待。如果光照强，虽然兰蕙容易发新草，但也容易造成叶尖端部发黑（焦尖），那些身价极高的名贵品种，细皮嫩肉的体质，更是过犹不及。如果受光照过强时间又过长，绿花会变成淡黄色，不能达到净绿的标准，赤花之色会变得更赤，也会影响到它们的美观。

种植兰花的场地必须宽敞，木棚要搭高八九尺（2.5～3米），这样芦帘展开或卷弄都能方便自如。至于盆架高低标准，按照大家通用做成二尺三四寸（60～70厘米）高，但必须离墙五六尺（2米左右），以免受到阳光火辣辣的直晒。如果棚搭得不太高，又担心怕挡风闭气，所以选择植兰场地这一工作尤为重要的是察看好地理环境是否合适。

第三章·清养

近来莳兰之家，每求速发[1]，遂用草汁、毛豆壳汁、笋壳汁、蚌肉汁，甚者[2]取坑砂及宿粪汁以污之[3]，实误栽养之法。余植花十有余年，今始深信以清养[4]为佳，以略得阳光为合宜，盖清养者，叶厚而长，色绿而俏。若用肥壮，开花虽大，其瓣总不能文秀规矩，且其叶阔厚而短，色必深绿而带乌，一遇阳光重处，必致叶尽倒而后已故[5]。不如清养之花叶皆发，且不易受病，此非亲自试验不知，（因清养者起发较迟[6]，人多不喜。然用壮[7]虽能速发，究易受病而易败[8]，总不如清养之为得[9]也。）

注释

[1] **每求速发**　每求：每个莳兰的人；求：希望得到；速发：迅速生发壮大。

[2] **甚者**　甚至还有人。

[3] **坑砂宿粪汁以污之**　坑砂：粪缸边的尿砂；宿粪汁：陈旧的人粪液；污之：脏污了兰花。

[4] **清养**　即对植株不施用任何肥料。

[5] **而后已故** 而后：接着往后；已故：就死去。

[6] **起发较迟** 起发：指植株开始生长发育；较迟：指时间过程比较缓慢。

[7] **用壮** 施用肥料。

[8] **究易受病而易败** 究：终究、毕竟；败：败落。指终究会容易得病并且容易衰落。

[9] **为得** 为：认为所述的做法；得：合适、得当。

今译

　　最近以来，有些兰家，每每向往自己所莳的兰蕙苗株能迅速生发壮大，于是他们用青草汁、毛豆壳汁、笋壳汁、河蚌肉汁等作肥料来浇灌兰蕙草苗，有人甚至用粪坑边的尿砂或沤熟的人粪水作肥料，这些污染的做法，实在是栽培兰花的错误方法。我莳养兰蕙已有十多年了，但直到今天才真正深信"清养"是莳兰的最佳方法，如再能辅以适当的光照，那就更是锦上添花了。采用"清养"的方法，能使兰叶厚而长，色翠绿而俏丽。如果施用有机肥料，所开之花虽然形大，但它的三萼瓣总归难以达到文秀端正的要求，叶子虽变得宽厚，但却变短了，叶色也必呈墨绿（乌黑），一旦放置在阳光较重的地方，定然会使整盆株叶全部倒伏，再过几天就枯萎了。不如清养的兰蕙之草，叶株全发，并且不易得病。如果不是亲自做过试验的人是不知道这些道理的。（兰蕙因为是"清养"，它们生长、发株、复壮的速度相对较迟缓一些，所以很多人是不喜欢这种做法的，然而用肥料虽能使兰草生发得快，但终究容易得病而衰败，还不如"清养"的做法显得合适、来得靠谱哩）！。

第四章 · 晒兰

　　晒兰之法，余于己亥年夏秋两季试验极佳。种场宽大，能得朝阳，则草多发、花易生也。惟芦帘仍宜遮盖。以通风透爽[1]为第一要义[2]。至[3]种新花又须偏阴，不可概执宽场之论[4]，盖场宽则受风太多，叶屡动摇，根不易复[5]矣。每日晒兰时候，蕙宜三时，兰宜二时，略可加多，不宜再少。

注释

[1] **通风透爽**　形容兰场空气流通，光照明亮，适合兰蕙喜风喜光的生长特性。
[2] **第一要义**　第一：即首先；要义：重要的道理和意义。
[3] **至**　至于。
[4] **不可概执宽场之论**　概：大体；执：执意、固执；宽场之论：认为养兰场地愈大愈好的说法。
[5] **复**　恢复。

我在己亥（1899）年夏秋两季，试验晒兰的方法，取得了很好的经验。如果栽兰场地比较宽大，兰株能得到清晨的阳光，就能多发新株，并且容易起花。唯有芦帘仍应遮盖。仍应以通风透气为第一重要。至于栽种落山新花，那就必须偏阴。切不可执意认为兰场愈大愈好，因为兰场过于宽大，受风就会过多，叶株不断摇动过当，不利于兰根生长和恢复！每日晒兰的时间是多少为好？蕙兰约三个小时，春兰约两个小时，当然也可以略微再增多些时间，但不可以再减少些时间。

第五章·避雨

避雨之说：凡大阵雨、久雨，及倏晹倏雨之日[1]，皆以迁避为是，若起发大草[2]，则任其淋漓亦无妨碍。细雨最宜花生发，藉兹舒畅[3]也，故避雨之说亦视[4]草大、草小，当避则避，非可概论[5]。惟秋季多雨，最易伤叶，是宜忌之[6]。

按：处暑以后，倏晹倏雨，且雨骤而猛[7]，为时虽短，已足伤新叶，况[8]一日有十余次之多[9]，雨止而烈日随之[10]，尤易蒸郁[11]，余避昼不避夜而已，竟过湿而叶起黑斑。

按：大雨多在夏令[12]，此时新叶初长娇嫩，尚畏大雨，虽大草可淋，而一盆之内必有新草，势[13]不能不避也。

按：大草经四五日久雨，亦须稍避，俟盆面略干再淋，庶[14]无积水之患。否则虽盛夏，叶上亦易生黑点，或初见白斑，不急[15]排温通风，白斑中心即变成黑点，嫩叶尤忌。

注释

[1] **倏旸倏雨之日**　倏（shū）：忽然；旸（yáng）：天气晴。指忽晴忽雨变化无常的天气，常指梅雨期和初秋的时候。

[2] **起发大草**　起发：浙人地方语，即长得又快又健壮的意思；大草：意指长足的兰蕙。

[3] **藉兹舒畅**　藉（jiè）：借、依靠；兹：这个；舒畅：喻生长条件适宜。

[4] **亦视**　亦：也要；视：根据具体情况。

[5] **非可概论**　非可：不可以、难以；概论：依据大略情况一概而论。

[6] **是宜忌之**　是：的确；宜：应当；忌：避免。

[7] **雨骤而猛**　骤：急剧；猛：猛力。都是形容雨势之大。

[8] **况**　更何况。

[9] **一日有十余次之多**　指夏初及夏末多阵雨之天气，在一天里，常是一会儿下雨，一会儿见阳光，反反复复的十几次。

[10] **雨止而烈日随之**　指阵雨刚停火辣辣的太阳接着而来。

[11] **尤易蒸郁**　尤易：尤其容易；蒸郁：闷热不通气。诉说兰花在高温高湿，且通风不畅的环境里，尤其容易受闷热而憋出病来。

[12] **夏令**　夏季，指农历一年中的六月至八月。

[13] **势**　面对的实际情况。

[14] **庶**　可能。

[15] **不急**　不抓紧。

今译

　　这章所说内容是关于"避雨"，凡是遇到大的阵雨、久雨或一会儿太阳一会儿下雨的天气时，都应把兰盆搬移到淋不着雨的地方为好。如果是生长健壮的大草，可任其淋雨，也无大碍。如果是毛毛细雨，那是最适宜新草的生发，苗株们能依靠这些小雨的滋润，长得特别舒畅。所以"避雨"的意思还要根据苗草生长的大小等具体条件来作决定，需要避的就应该避，不能一概而论。唯在秋季多雨的天气，最容易伤害兰叶，这是要特别引起重视和避免的。

按：农历处暑以后，天气常有忽晴忽雨的时候，并且还会有突然大雨急骤而凶猛的时候，持续时间虽短，但已经足以使兰株新草受害匪浅，更何况一天里雨这样停停下下、太阳又时收时烈地达十余次之多，极易使兰草受到湿热蒸闷。因我只注意白天搬盆避雨，晚间却被疏忽，后果竟是因盆泥过于潮湿而使兰叶生起黑斑。

按：大雨多在夏令时节，这时兰蕙新叶刚刚长成，叶质娇嫩，还怕大雨淋落，虽然说大草能受雨淋无妨，可是一盆草里总是有新老草相混，所以对于大雨必然是不能不避。

按：即使大草，如遇四五天的连续长雨，也仍须适当做好避雨工作。必须等盆面略干后再淋雨，才能没有积水的后患。虽然是盛夏时节，但兰叶上仍易生黑点，或是初见白斑时如果不抓紧时间做好通风除湿工作，很快能见到白斑的中心处会当即变成一黑点，对于嫩叶，尤须格外重视。

第六章·燥泥

凡兰蕙，莫妙于干燥盆泥一二次（一在发草[1]前燥足，新芽必粗；一在霉[2]后为发花，仅燥盆面），以燥至根底为度（欲验燥根之法，以细薄竹片，将燥泥裂缝中缓缓拨开便悉。设[3]根旁有空隙之处，亦可用泥补实）。盖[4]兰在山中，逐年自有[5]干燥之时，乃[6]在盆中终年常滋[7]，似与本性不宜，故有叶出瘦小之患。余曾于辛丑年将宋梅试验，颇确[8]（惟盆面蜈蚣草易枯，将盆侧放，以清水略润之），穷其燥盆之源[9]，大抵泥燥逢湿，则发涨；根干逢潮，则咬泥[10]，故能得力起发。惟盆燥后必待雨透最佳，如无雨，将盆置阴处，待雨俟雨透再就阳。（秋间又为起蕊[11]之时，宜湿不宜干，如干，则损花胎）。

注释

[1] 发草　出芽长草。
[2] 霉　梅雨。农历五月，我国南方因东南季风盛行而带来大量雨水，此时正值梅子成熟，故称梅雨，也有俗称为霉雨的。
[3] 设　假设、假如。

[4] **盖** 当。

[5] **自有** 自然会发生的现象。

[6] **乃** 然而。

[7] **滋** 湿润。

[8] **颇确** 颇：比较、较为；确：确实、确切。

[9] **穷其燥盆之源** 穷：断绝；燥盆：让盆子干燥；源：源头、水源。意谓为使盆泥干燥而断绝水源。

[10] **咬泥** 形容兰根与泥紧贴一起。

[11] **起蕊** 孕育成为花苞。

今译

　　凡是所栽兰蕙，在一年中最好能让它们的盆泥干燥1~2次（第一次是在发草之前如能燥足，分生出的新芽定然粗壮；第二次在梅雨季后是为了发花，仅需干燥盆面即可）。以燥至根底为度（想检验兰根是否干燥的办法：可用细薄竹片轻轻拨开盆泥裂缝，一看便知干否？假如发现根旁有空隙，也可再补泥至充实）。当兰蕙生长在山间时，每年自然都会有干燥的时候，然而栽在盆中，终年常保持着湿润状态，这似乎不合兰的本性，所以就会有株叶变得瘦小的隐患。

　　我曾在辛亥（1911）年时，用宋梅做过试验，其结果证明上述之说非常确切（只是盆面蜈蚣草容易干枯，我把兰盆侧放，用清水稍润湿蜈蚣草），以确保盆土干燥而断绝水源。大概地说，燥泥遇湿，会"发胀"（体积变大——译者注），干根逢潮，更"咬泥"（根泥间能密切贴合——译者注）。所以苗株能得到充足的养料，生发得肥大壮实。只是盆泥干燥之后，最好是能等到由雨水来将它浇透，如无雨，可把兰盆放到阴的地方（以减少水分蒸发速度——译者注），还是要等待有雨水来浇透盆泥，然后才可再晒太阳。（秋间，又到了兰株分生花苞的时候，要注意此时盆泥宜湿不宜干，如泥干，必会影响花苞的发育。）

第七章·浇水

夏天浇水，用喷筒从上浇下，或浇一次，再回环浇转，以透为度。清晨日未出时一次，近黄昏一次，秋天亦宜如是（若过湿可不浇）。祇宜长润，不可太干，此指夏秋两季言也。

己亥秋季，意园兰蕙起蕊者不少，至应开花时，无端[1]不开。原其故[2]，大祇因秋季太干，或冬季及春初盆泥过燥，乃受风[3]干瘪也。

按：王叔平云：浇水宜在中夜，若晨浇，则须避日一天。此说至精！盖浇后未干，即见太阳，则叶易焦斑，盛暑尤忌。

注释

[1] 无端　不明原因。
[2] 原其故　原：推究、考查；故：原因。
[3] 乃受风　乃：原来是；受：受到；风：风吹之故。

夏天用喷筒给兰蕙灌水，要从上往下浇，当浇完一遍之后，需回过头来再浇一遍，致盆盆浇透为度。一天共2次，第一次为大清早太阳出来之前，第二次为近黄昏时，秋天也适宜这样做（如果盆泥过湿时可以不用浇灌）。盆泥最好能保持"长润"，不可"太干"，这只是指夏秋两季而言。

在己亥（1899）年秋季，我家意园里所栽的兰蕙，不少盆有了花苞，到了该开花时，却不知为何竟没有开花，推究原因，大约是秋季时空气湿度太小，或者是冬季和春初时盆土过于干燥，根本原因是受风吹而致使叶子失水干瘪。

余姚兰家王叔平说：给兰浇水最好在半夜间，如果是早晨浇水，那就必须避晒一天太阳，这话说得非常正确！因兰浇水后一时没有干燥，如果立即晒太阳，兰叶容易起褐色斑点，特别在盛暑时期浇水后更要注意避晒。

第八章·催花

向谓兰起蕊在中元[1]，蕙起蕊在中秋（此指草叶起发者而言也），亦有迟至九秋[2]者。如欲催花[3]（指草大而无蕊者），在秋季取露水浇四五次，蕊可即起。又法：在秋初置阳重处烘逼[4]，亦能见蕊，惟盆泥宜带湿。

按：《同心录》云：取露之法，用夏布作一大方旗，先以清水湿透、洒干。清晨，向田间苗上拂去，露尽收在旗上，再洒再拂，或贮罐、或藏瓶，每晨浇一碗，十余朝[5]终可见效。

注释

[1] **中元** 旧历以七月半为中元节。

[2] **九秋** 泛指秋季的九十天，本文意指深秋九月。南朝宋谢灵运《善者行》："三春燠敷，九秋萧索。"

[3] **催花** 比喻通过某些方法让植株分生出花苞或开花。

[4] **置阳重处烘逼** 置：摆放；阳重处：阳光照射较强的地方；烘逼：靠较强光照促使兰蕙分生出花苞。

[5] **朝** 早晨。

向来兰人们都说春兰在农历七月中旬可见花苞,蕙兰在八月中旬可见花苞(这是指壮草没有花苞而言),也有迟到九月才见有花苞形成的。如想催花(指那些草虽壮但无花苞的),可将秋季收集的露水对植株和盆泥间隔地灌浇四五次,即可见有花苞生起。另有一法是在初秋时,把这些壮草搬到秋阳重处去晒,也能促使它们长出花苞。必须注意盆泥需带湿为佳。

　　按:《兰蕙同心录》说取露的方法:用夏布做一张大方旗,先用清水洗过,再晾干备用。在大清早取"旗"到稻田间,向禾稻苗拂去,苗上露水尽被吸入,反复几次之后使露水尽吸旗上,用手将旗上露水洒落盆中,将其贮入所带的瓶罐里。每晨每盆浇露水一碗,十多个早晨浇下来,总是可以见到效果的。

第九章·芟蕊[1]

　　兰蕙起蕊，总宜四五筒草，方使花开有力（亦祇宜留一蕊），留力于次年开花，庶免不足之病[2]，且草发大而较早也。凡开花之盆，叶必迟出，谚谓"开一支花，拔一管力[3]"。故去蕊以留草力，洵[4]为有拟[5]此说，余初不谓然[6]。盖费一年心力，有花而不使开，实损兴会[7]耳，不知贵种宜叶多[8]，多则一可分两，以两盆每岁换轮，留花则不致拔力，更得复分[9]耳。如得新种名花，有能复蕊者，则不问草之多寡，留开一支，以资[10]品评。然开一二日即宜摘去仍以养草为主。

注释

[1] **芟蕊** 芟（shān）：除去；蕊（ruǐ）：花苞。

[2] **庶免不足之病** 庶（shù）：能够、可以；免：避免；指能够积贮养料，防止营养不足的后果。

[3] **拔一管力** 拔：耗去；一管：即一株；力：营养。

[4] **洵**（xún） 实在、诚然。

[5] **有拟** 有：存在；拟：同疑，心里疑惑。

[6] **不谓然** 即不重视、不以为然。

[7] **实损兴会** 实：实在；损：减少、降低；兴会：兴致。指兴致降低。

[8] **叶多** 文中指兰株的数量之多。

[9] **复分** 复：重复、再，即兰草数量增多，又可再分得新株，能一翻再翻。

[10] **以资** 以：用来；资：提供。

今译

　　要让兰蕙能分生出花苞，最好能有4~5筒（株）一块的草，这样才能使花营养充实，开得有力气，即便如此（也只能留下一个花苞让它开花），控制营养过多消耗，为翌年开花留有余地，才可防翌年开花时出现营养不足的毛病，且能较早地生发新草、大草。

　　但凡开过花的盆栽兰蕙，芽必迟出，草必迟长，有谚语称："多开一枝花，多耗一管力"。所以必须摘除过多的花苞，留存更多的草。起初我对此说存有疑惑，听了也不以为然，心想辛辛苦苦地花了一年心血和力气，终于起了花却不让它开，实在是很扫兴的事！殊不知名贵品种首先是要能求得苗株多，因为苗株多了，一盆就可以分成两盆来栽培，而且还可让它们每年轮流开花，不至于都耗尽"力气"，更能再分得新草！如果你得到的新品名花中有能够开花的异种，那就不问它草是多是少，必须留开一枝，以作为品评花品的依据。然而只宜开上一两天，就要把花给剪除，仍以积蓄力气养好草为主。

第十章·防病（五节）

兰蕙本属清品[1]，极上贵种，原不易得，须加意培植，庶免意外之虞[2]，从古至今，能有几种流传！大半不得其法[3]，致损折绝种耳。余经验十余载，因将种种受病之原由，历述[4]于下。

注释

[1] 清品　高档次的赏玩之物。
[2] 虞　后患。
[3] 不得其法　不得：没有掌握；其：指兰蕙的；法：正确的栽培方法。
[4] 历述　历：经历；指把自己过去栽兰的亲身经历，一一地进行陈述。

今译

兰蕙本是一种供人观赏的高雅之物，珍贵的品种一向更是极其难得，所以必须特别用心加意培植，以避免意外的损失。古往今来，有几个名种能够流传承续？其中有一大半是由于栽培方法的错误而致病绝种。我栽培兰蕙已经历十几个年头，其间观察过它们各种致病的原因，现将这些经历一一地述说在后面。

【第一节】开时不可久供[1]

兰蕙开时，移至斋室玩赏，本属雅人深致[2]。然供赏日久，或受郁闷蒸、触患，每出于不觉[3]，就使[4]，根本不伤，而叶随萎败，必须培养数载，始复旧观，亦已难矣。贪赏增劳[5]，节赏免病[6]，是宜审择[7]。开花时供室，避出日晒之处，尤须门窗全拓，以防蒸闷。夜则移置檐前，通风透爽。

注释

[1] **供**　陈列。
[2] **雅人深致**　雅人：清高的文人；深致：深深的感情寄托。
[3] **每出于不觉**　每：每每、往往；不觉：不知不觉的状况。
[4] **使**　就造成。
[5] **贪赏增劳**　贪：贪图；赏：玩赏；增：增加；劳：麻烦。
[6] **节赏免病**　节：节制；赏：欣赏；免：避免；病：受损致病。
[7] **是宜审择**　是：确实；宜：需要；审择：掂量利弊，做出选择。

今译

兰蕙开花时移放到书房或客厅欣赏，本是文人情感清高的寄托，但往往因为观赏的时间太久，或因通风不够，受到蒸闷，每每因人为过多地触摸，在不知不觉中造成根虽不伤而叶株萎败的后果。必须要经过数年的培养，想恢复原状也还是有困难。贪图欣赏而增添日后的辛劳，还是节制赏玩时日而避免植株病患？确实需要审慎地作出选择。（兰蕙开花时放室内观赏，如遇有能晒到阳光的晒处，更要把门窗全部打开，使空气流通，以防止植株受闷，夜晚要放置屋檐下，让兰株能透气通风舒爽。）

【第二节】夏秋当防"伏暑"

夏秋之时，其叶脚[1]起有细黄珠或白珠，旁网细丝绊结者，名曰"伏暑"[2]。若逢此患，即须翻出审视，如遇有黄珠、白珠脚叶，用利刀连芦蒂割去，换新泥复种，庶可保全（先置阴凉处，匝月待其性活）。倘不急治，三四日后满盆皆是，根叶殆尽，竟成不救。考其病由，系日晒盆泥尚热，忽然逢雨而不透达[3]，致有此患也。（盆泥晒热忽遇雨不多久，即将凉水用喷筒从上浇下，俟透极淋出[4]，则暑热不留根底，可免是[5]病。）

注释

[1] **叶脚** 植株基部最靠外的小叶，又称脚壳、叶甲。

[2] **伏暑** 俗语。意为今称的白绢病、白丝病，是一种真菌，对兰蕙危害甚大。

[3] **不透达** 闭塞，即透气不通畅。

[4] **淋出** 盆中受热的根和泥，经凉水冲洗降温，排出盆外。

[5] **是** 这样、这种。

夏秋时节，兰株的基部叶脚处，发现有细黄色或白色的小珠，伴有白色丝状物互相蟠结，此病名叫"伏暑"。如果发现这种病，必须立刻翻盆仔细地检查，用利刀割去那些上面有黄白珠及菌丝的整个芦头，消毒后换新盆、新泥，重新栽植，才能保全其余的植株（先将重栽的盆草，放在阴凉的地方，一月余就能服盆、生长）。此病发展极其迅速，如果不立即治理，只经三四天工夫，整盆就会被感染，根叶全萎，竟然成为不治之症。查其病因是由于盆泥被日光晒热之时，突然遇雨却不能淋透，兰株受湿热，才致此病。（盆泥晒热突然遇雨，而此雨不多，没能淋透盆泥。面临这种情况，可立即用凉水用喷筒由上向下浇兰株和盆泥，使之淋透，让流水把暑热从盆底带尽，才可免除这种病的发生。）

【第三节】冬春当防冻蒸

此病冬春之际，最易受而最难防，因此时寒则易冻，热则易蒸。冻则伤根而不伤叶，蒸则伤叶而不伤根。故防冻之法：遇霜则先置檐前，天冷再移轩[1]下；有冰宜安室内，冰厚则闭门窗。至于室内亦冰，则用火炉以御寒冽[2]。又有一法：以大甌[3]铺地，以竹栈条[4]作围，置兰其中，上再盖以大甌，而稍暖即去。盖室内冰泮[5]速去，栈条稍一失时即受蒸郁，大蒸倒叶，小蒸叶起黑斑，或脚壳焦黑，此诚[6]非时刻留心不可。予[7]历试[8]有验[9]，乃[10]恍然于蒸损之由[11]，实防冻太过也，故云：防冻易，而防蒸难。

何谓防冻易？余在壬辰[12]春始酷爱兰，适是[13]年冬，寒冽异常，河道冰坚，不通往来有五六日，余所蓄花，仅安室内，无盆不冰，其时寒暑表降至十七八度（华氏—译者注），因将铁火炉置室中央，煤昼夜不息约二日之久，始得保全。次年春，冯君虞臣来顾[14]，语及此，渠[15]大赞叹：因各处冻萎，计价值不下十余万金，而余花安然无恙。此可见防冻尚易也。

何谓防蒸难？甲辰[16]十月廿八日，余往湖州，将花安放新厅番轩[17]下，意谓尚透风气，不致蒸闷，且以节交大雪，宜守冬藏古说矣。乃余于次月朔日[18]归来，'宋锦旋''南浔水仙'等已叶起黑斑，即长兴携归'奎字''霁素'等种，置舟中两夜，亦见黑斑，盖皆受蒸矣！可见名贵之品，稍一委屈，即易致病。余当时将轩下之花移至庭中，视盆泥干燥者沿边浇水，夜夜亦露置，此时寒暑表升至五十余度（为华氏），冬令蒸热，亦天时所恒有[19]，故不可不随时加慎，拘执[20]冬藏古说，殊不尽然[21]。

乙巳[22]春二月，'霁素''南浔水仙'二种小草尽萎，'二友莲'二草亦倒[23]去其一，'宋梅'大草倒去四管，'奎字'后龙草亦倒去数叶，此皆名贵之种，大抵皆由上冬及春初受蒸，且是年春雨多晴少，余适[24]事烦不及周顾[25]，致此大损。虽分出'宋梅'一种，旋[26]抽小草，短根已有四五条，而至十月间亦尽萎。可见莳植竟非易易！

由是验之[27]，冬季收藏室中，大抵寒暑表三十度（华氏）内，定在冰冻寒冽之时，始可安放于室，以防受冻，若未大冻而即用火炉，冻虽免而受蒸矣（余于甲辰冬用炉受损若是），故偏于蒸闷，不如略偏于冻。微冻祇在盆面，与根无伤，而受蒸之叶必起黑点、焦斑由小渐大，由大而萎，培养恢复甚难，且种愈贵者，一起黑点更不易生蕊。予经验方知，特详录以杜[28]后患。

注释

[1] 轩　廊子或有窗的房间。

[2] 寒冽　冽（liè）：凛冽，形容寒冷的程度之深。

[3] 匾　用竹篾编成的圆形或方形的晒具。

[4] 竹栈条　竹篾编成如席子状的长条，晒具。

[5] 泮　（pàn），融解。

[6] 诚　实在、的确。

[7] 予　我。

[8] 历试　经过多次试验。

[9] 有验　做事所得到的结果。

[10] 乃　才。

[11] 由　原因、原由。

[12] 壬辰　即清·光绪十八年，公元1892年。

[13] 适是　正好在。

[14] 顾　拜访。

[15] 渠　他。

[16] 甲辰　即清·光绪三十年，公元1904年。

[17] 番轩　屋前的披檐。

[18] 朔日　农历每月初一日。

[19] 恒有　长期持续地存在。

[20] 拘执　拘：拘泥；执：固执。指死板照做老旧的方法。

[21] 殊不尽然　殊：很、极；不尽然：不全面。

[22] 乙巳　即清·光绪三十一年，公元 1905年。

[23] 倒　兰花枯萎、萎败。

[24] 适　正遇上。

[25] 周顾　周：周到；顾：顾及。

[26] 旋　旋即；立刻。

[27] 由是验之　由：根据；是：这件事；验之：体会到。

[28] 杜　杜绝。

今译

　　兰蕙"受冻"或"受蒸"这两种病，在冬春两季里最容易发生，而且又是最为难防。因为此时天气变化较大，突然变寒冷时兰就容易受"冻"，突然变热时兰则容易受"蒸"。若是受冻，往往伤根不伤株叶，若是受蒸，则伤叶不伤根。防冻的方法：遇霜时，可暂把兰盆先放在屋檐下，如果天气再继续冷，就搬到廊子下，如遇薄冰时，即应移置室内，如遇冰厚时还应紧紧关闭门窗，如果室内都见结了冰，那就要生火炉来抵御凛冽的冰冻。另有一个防冻的办法：是用大竹匾铺于地，并以竹条席沿竹匾四周围成一圈，再把兰盆放进圈里，圈上再紧盖大竹匾。如遇气温稍暖，应立即将"盖"撤去，如见室内的冰已融，则必须及时撤去条席。如果撤得稍不及时，里边的兰花即会受到蒸闷。如稍受蒸闷，兰叶上会起黑斑或致脚壳变黑。如受大的蒸闷，则会造成兰株枯萎。的确是件非时刻留意不可的大事，我经历多年的实践，都有同样的教训，恍然悟得兰蕙受蒸损的根本原因是由于防冻太过而造成。由此感慨，"防冻容易而防蒸难啊！"

什么叫做防冻容易？我是从光绪十八年（1892）春开始深爱上兰花的，恰逢这年冬天，寒冽异常，历年少有，厚厚的冰层封堵河道，船只有五六天不能往来。我所栽的兰蕙只是置放在室内，可说是无盆不冰，看当时温度计，已降到十七八度（指华氏，约为-8℃——编者注），为此把铁火炉放在兰室中央，并日夜不停地连续加煤，时约两天，室内兰花总算得以保全。来年春天，老友冯虞臣先生来访，交谈中涉及防冻这事时，先生大为赞叹，因这次寒冻各处兰友所栽的兰花因受冻而枯萎，其损失的价值不会低于十几万银元，但是我的兰花却能安然无恙。由此可见处理兰花防冻，还是比较容易的。

什么叫做防蒸难呢？时在甲辰光绪三十年（1904）的十月二十八日那天，我要去湖州，把家里的兰花置放在新厅番轩下，自己认为那地方比较通风透气，不会造成兰花被蒸闷，更何况这时已临近"大雪"，本应遵循古训兰花该"冬藏"的时候。可是在我于十一月初一回到家后，一看厅堂里的'宋锦旋梅'和'南浔水仙'等品种，它们的叶上已生起了黑斑。即使是刚从长兴带归的'奎字'和'霁素'，也仅仅是放在船上过了两夜，看到叶上也有了黑斑，这全因受蒸闷之故！可见名贵品种如稍有照顾不周就会致病！回忆那时我把兰花从厅内搬到屋外天井里置放，发现那些盆泥已干燥的，便沿着盆边浇水，每晚它们还能接受露水。这时看温度计升到50多度（华氏，为11℃以上——译者注）。冬令时节气温反常闷热的情况，为自然历来所常有，所以不可不随时小心谨慎注意，不要被古人的经验所束缚。由此可见"冬藏"的古说是不全面的。

光绪三十一年（1905）的春二月间，'霁素'和'南浔水仙'两个品种小草全部枯萎，两株'二友莲'草萎去一株，'宋梅'大草也萎去四株，'奎字'后边的老草还萎了好几片叶子。这些都是名贵品种！原因大致都由于上冬及春初时植株受蒸闷所造成，加上这年春天又逢雨天多晴天少，又因当时我正遇事多，一时没有精力顾及到它们，竟然遭此大损。当时虽然有'宋梅'分出，不久还看它已发了新的小草，且有短根四五条，但到了十月时竟全都枯萎，由此可见栽培兰花实在不是件容易的事。

由于这次过失，体会到冬季里，需看温度计大致定在30度（华氏，约为−2℃以下——译者注），必是大寒凛冽的时候了，这时才可以把兰蕙置放在室内，以防止兰蕙受冻。如果还没有大冻而急着用火炉来加温，这样虽可避免受冻，却已使植株受了热蒸（我在光绪三十年（1904）冬时，用火炉加温，致使兰受到损失，跟这一情况极其相似）。所以不可轻看了兰株受到蒸闷的严重性，倒不如略微偏轻看兰株受点微冻。因为微冻，只是在盆的表面，不会伤及根部，而兰株受到热蒸，叶上定然会起黑点，焦斑由小而逐渐变大，再由大而枯萎。要想再恢复如初，实在非常的难。况且愈加贵重的品种愈为娇贵，当发生了黑斑病，就更难以分生花苞。我经亲身的经历，才深刻体会到这些知识和道理，把它详细地记录在这里，以杜绝发生类似的后患。

【第四节】冬季不可就日

名贵之兰蕙，即冬季亦安放檐前，竟[1]不宜日晒（因不透风气最易受蒸）。余在甲辰[2]十一月间，得'二友莲'全青两草，时观寒暑表三十六七度，因搬入新厅东间，日间听晒[3]，门窗全开，夜亦不闭。讵知[4]后龙草随起黑点，即移檐前避出日晒之处，庶免[5]黑点丛生。

蒔兰实验

注释

[1] 竟　竟日、整天。

[2] 甲辰　即清·光绪三十年，公元1904年。

[3] 听晒　任让日照。

[4] 讵知　讵（jù）：表反问，哪知；岂知。

[5] 庶免　庶：才能；免：避免。

今译

　　名贵的兰蕙品种，即使在冬季，也是置放在屋檐下，竟日要避免日晒。若放室内，因环境不透风，最容易受蒸。我在光绪三十年（1904）农历十一月时，得'二友莲'的全绿壮草两株。当时看温度计是36～37度（华氏，为2～3℃——编者注），因兰花已搬到新厅的东间屋内，便把它放在一起，白天门窗全开，任凭阳光晒进屋内，晚间也不闭门窗，岂知'二友莲'后龙草随即就生起黑点。便立即把它搬移到番轩下阳光不能晒到的地方，才避免了黑点丛生。

【第五节】养焦斑草法

　　凡草有黑点斑者，受蒸居多，或因用壮[1]后不避阳光，或夏季骄阳逼炽[2]，皆成此患[3]。

　　如遇此等[4]草叶，总宜移至阴凉之处，切避[5]阳光，万不可用壮。待至新芽出土[6]，略见簾底阳光[7]，庶保新叶青翠，即老叶之黑斑、焦点，亦可免由小渐大之患。

注释

[1] **用壮** 用：施用；壮：肥料。
[2] **骄阳逼炽** 骄阳：炎热似火的阳光；逼炽：形容阳光强烈如火烧灼。
[3] **皆成此患** 皆：都是；成：造成；此：这种；患：毛病。
[4] **此等** 这样的。
[5] **切避** 切：叮嘱再三；避：躲避。
[6] **新芽出土** 新芽：兰刚长成的芽；出土；钻出土面。
[7] **略见簾底阳光** 略：约略；见：透出；簾：（同帘），竹簾、芦簾；底：下面。指铺盖竹（芦）簾，让兰接受簾底下强度被减弱的光照。（这就叫遮荫，不能写成遮阴）

今译

凡见兰草叶上或顶尖生有黑色斑点，病因居多是因受热蒸引起，也有的是施肥后没有避阳光，或者是直晒在夏天似火骄阳下等等，都可以引发此病。

对于这类带病的株草，最好能把它们移到阴凉的地方，千万记住要避晒阳光，更不可用肥。耐心等待到新芽出土以后，才可置放于稍能见弱光的芦簾底下，只有这样做，才能确保新叶青翠，即使老叶上原有的那些黑斑，也可免去由小再继续增大的后患。

第十一章·洗根

　　用小缸盛清水，将芦蒂、根条细细洗净，并剪去空黑之根，风爽[1]一二日（或繫绳倒悬于透风处，须忌日晒），必待根白带皱，方可种盆。盆泥须尽换[2]新，顾洗[3]一法，余试未能尽善[4]，因洗根后隔年始能[5]起发也。用壮之花不得不洗，若清养[6]者，则无需此[7]。

注释

[1] 风爽　通风，风清气爽。

[2] 尽换新　尽：尽力做到；换新：去除老旧泥翻换成新泥。

[3] 顾洗　顾：顾及；洗：洗根之事。

[4] 尽善　完美。

[5] 始能　才能（会、得到）。

[6] 清养　艺兰术语。即苗株在栽培过程中不施用任何肥料，犹如人吃"素"。

[7] 无需此　无需：不需要；此：这个（洗根的方法）。

今译

　　先要准备一口小缸，储满清洁的水，再把兰草的假鳞茎连同兰根一起，手势轻巧地在水缸里耐心地洗净，并剪去空根、腐根、黑根，然后把兰草晾放在风清气爽的地方1~2天（或用细绳系兰株，悬挂在通风处，不可晒日）。必须等到兰株根色发白，表皮略有皱缩时，才可以上盆。盆泥必须全部换成新泥。顾及（关于）洗根的方法，我试做的效果没有达到尽善尽美，因为兰株洗过根后需要到第二年才会重新开始生发，对于那些用过肥的兰，就必须要洗根，如果是"清养"的兰草，那就不需要这多此一举。

第十二章·种芦

　　有叶倒，衹存根芦，有根烂，仅剩芦蒂。种法：须用新泥照常，所栽浅深有云，宜缩低种之，虽种平顶，仍宜铺盖蜈蚣草，先须阴养[1]一二十天，使盆面草活，移至半阳处就晒半月，再移阳重处晒之，惟不可太干太湿，尤忌雨冲[2]，不论何时，必欲移避，待见新芽（皆在夏伏中[3]之时，亦有迟至九秋[4]始发，从未有隔年者），乃于半阴半阳处安置。冬忌受蒸及冻，至次年春翻出，修去烂根、提高盆面（宜换新泥），最忌用壮，如是留意两年之久，方保生全[5]。开花之期，则兰五年、蕙七年。如法以种，虽花期无一定，亦不甚悬殊。而芦种又有两则，分列如下。

　　注释

[1] **阴养**　艺兰术语，即在培养阶段避免晒太阳。

[2] **忌雨冲**　忌：违避；雨冲：大雨直淋。

[3] **夏伏中**　夏季三伏的第二伏期间。

[4] **九秋**　指秋季，即九月的秋天。晋张协《七命》"睎三春之溢露，溯九秋之鸣飚"。

[5] **方保生全** 方：才能算是；保：保住；生全：生命的健康成长。

今译

兰蕙植株不论是叶已枯萎只留存假鳞茎和根的，或者是根已烂而只剩假鳞茎的，都可以将它们重育成新株。方法是必须采用新泥，按照常规所栽深浅相比较，此植株宜栽得稍深一些，盆面虽做成平的，但上面仍宜铺种蜈蚣草。种后先必须避日光一二十天，待护面草成活后，即可移到半阳处接受光照，再过半月后就可把它们搬移到露天，接受正常的光照。唯一应注意的是盆泥不可太干或太湿，尤其要避免大雨冲淋，任何时候都必须移避，直到见有新芽出土（所种假鳞茎新芽，一般会在夏季伏天里出土，也有迟到秋天时新芽才会发出来，但从未见过有隔年出土的芽）。至于安置在半阴半阳处的，冬天要避免受蒸或受冻。待到来年春天时就可进行翻盆，剪去烂根、再换新土上盆，并抬高盆面高度，此时最忌讳施肥。这样用心管护2年之久，才算新草长大，品种得以保全。至于植株什么时候能开花？春兰需要5年培养，蕙兰则需要7年。如果照这方法去种，开花时间虽然不一定，但也不会相差太悬殊。有关种假鳞茎，还有2个方法，现分述如下。

【第一节】芦蒂不可太宿[1]

余于甲辰春，分种'第一梅''宋锦旋'，皆[2]未发芽，初不知其故[3]，后加研究，始悉[4]芦蒂太宿，不能复苗。盖卢旁之托衣[5]枯槁，虽有芽苗，不得透达[6]也。太宿则无用，须择叶倒二三年之芦，先用清水洗净，将芦旁鬓衣[7]剪尽，惟不可损及胎苗（见芦衣内有米粒白点者，即是叶芽），待风干后，视根长者修短，栽宜小盆，种法如前。叶边老芦若过多，必以剖分，叶始畅发，否则叶不发，芦久必烂，故不如分出另栽，使根叶舒畅，且孳种[8]增多也。

注释

[1] 宿　陈旧，过于老化。
[2] 皆　皆：全、都。
[3] 故　原因。
[4] 始悉　才知道。
[5] 托衣　喻残留在假鳞茎上枯萎的脚壳。
[6] 透达　畅爽。
[7] 鬓衣　托衣。
[8] 蘖种　分生出的新苗。

今译

　　我在光绪三十年（1904）春时，分种了'第一梅'和'宋锦旋'两个品种的老芦头（假鳞茎），却都不见新芽出土。起初不知是什么原因，后经细加研究，才知是这些芦头过于衰老不能再发新芽的缘故。这些芦头上包着枯萎的残败脚壳，芽苗被包裹不甚舒畅。所以太老的芦头不好用了。必须选择叶虽枯萎但年龄不太老的芦头，用清洁的水洗净，去除残留在假鳞茎上的衣壳，扯时要小心，别损坏了如米粒状小小的白色芽点。晾干一会儿再把过长的根修短一些，就可栽在小盆里，种的方法同上所叙。如见盆中有过多老芦头草，不妨分割。这样做可使年轻的植株畅爽生发。另一方面而言，如留着这些芦头老草，日后必然枯朽，所以还不如分割后单独栽培，可以焐出新草来。

【第二节】分芦须带老龙草

培种芦蒂实难，如能带老龙草[1]剖分者，则栽养较易，此法于壬寅[2]春，将蕙赤种程梅分试，夏初即发新叶，秋季复为翻种，曾用壮水浇三次，至冬十月间，新叶长已六七寸。此可验[3]易养且易发。然丙午[4]春又分一绿蕙，未曾加灌[5]，新叶之长亦与相等。

注释

[1] 老龙草　草龄长的兰蕙老植株。
[2] 壬寅　清·光绪二十八年（1902）。
[3] 可验　可以得到验证。
[4] 丙午　清·光绪三十二年（1906）。
[5] 加灌　浇水施肥。

今译

要想把无叶的老芦头再培植出新苗，实在是难。如果能用带叶子的芦头，经分割栽培就较为容易。我曾于壬寅年（1902）春时，将赤蕙程梅老草经分割试种，初夏时就见有新苗发出，到了秋季便翻盆另栽，先后用肥水浇了三次。到了农历冬季十月间，见新株已长到6～7寸（20厘米），这足可证明带叶的芦头草易养易发。我还在丙午年（1906）春时分植过一盆绿蕙老草，没有施用肥料，但新株生长的高度也与程梅的新株相仿。

第十三章·治虱

见阳不通风，则易生虱[1]。治法，宜用极薄牙片[2]轻轻剔去，再用小马鬃笔[3]或山羊须笔[4]，用清水洗涤，不使复生。若不即治，日积愈多，必致伤叶。若冬季时近，将移置房内，尤宜逐盆察视，以治尽为妥。

注释

[1] 虱　介壳虫。
[2] 牙片　剔除牙缝中残留菜屑的小工具。
[3] 马鬃笔　用马鬃制作的笔刷。
[4] 羊须笔　白羊毫笔。

今译

栽培兰蕙的环境如果只有光照而通风不佳，就容易生介壳虫。防治方法以用牙签将它们轻轻剔去，也可用马鬃、羊毛制成的小刷子轻轻刷去，再用羊毫笔蘸清水洗净兰叶，不让它们再孳生。如果不及时清除，就会日积愈多，必致兰叶遭损。如果是时近冬季，兰盆即将移入室内之时，更须逐盆仔细检查，务必将它们除尽是为最好。

第十四章·辨草

草有宜阳、宜阴之别，以色黄者偏阳，以绿者偏阴，此验[1]出山花[2]叶便知。若观盆中栽养之家[3]，在阳光[4]复草[5]者，叶必厚而阔，挺拔光亮，色嫩绿而有神；在阴光[6]复草者，叶薄而柔，垂软乏华[7]，色娇嫩而少力，此固[8]不可不知。倘令阴光复草者，骤见阳光，叶必尽倒，务必详审；一二年中逐渐移之向阳，方能驯转其性[9]。余亦曾经亲试，如将阳光复草者，遽令[10]阴养，虽无大患，而始则草[11]发变[12]为柔薄，久则渐成瘦小，所以过阴又不宜也。凡遇新购之花，总以阴养为主，即使前途用壮[13]及素偏阴光[14]之种法，亦皆可以无忌[15]。

按：《艺兰四说》云：兰蕙叶黄而薄，则宜上肥；叶黑而焦，则伤于肥；叶干而毛[16]，则宜浇水；叶生白虱，则伤于水；叶显丝路[17]，则根伤矣。

注释

[1] 验　检验、甄别。

[2] **出山花** 刚从山上采得的兰蕙，称出山花，又称"落山新花"。

[3] **栽养之家** 栽养：种植、栽培；之家：人工栽培在家里以作观赏的。

[4] **在阳光** 把兰栽在能接受到光照的环境里。

[5] **复草** 将下山草栽植盆中后分生出的新草。

[6] **阴光** 阳光不能照到或光照不能充分照到的环境。

[7] **垂软乏华** 垂：低垂、弯垂；软：不能挺拔；乏：缺乏；华：生气勃然。形容兰草质地软弱，缺少蓬勃的生机。

[8] **固** 固然，必须。

[9] **驯转其性** 驯：顺从、驯服；转：转变；性：本性、特性。

[10] **遽令** 遽（jù）：突然；令：要求。

[11] **则草** 则：就。指那就会使草。

[12] **发变** 发：生长出的新草；变：成为。

[13] **前途用壮** 前：以前；途：途径；用壮：用过肥料，指在生长的过程中，曾使用过肥料。

[14] **素偏阴光** 素：素来，一直以来；偏：偏少；阴光：阳光一向不能直接照到的地方。

[15] **可以无忌** 忌：害怕，有顾虑。

[16] **叶干而毛** 指兰蕙生长不良，叶子显得缺水而不够光亮。

[17] **叶显丝路** 指兰蕙叶子肉眼看去有条条凹槽纹，亦属生长不够健康。

今译

　　兰蕙之草有喜阴、喜阳的不同习性，草色偏黄的是偏阳之草，草色偏绿的是偏阴之草。检验"落山新花"只要"看叶色"便可知该草的基本特性。在盆中栽培观赏的那些家养兰蕙，如在光照充足的条件下长成的新草，叶子定然厚阔、挺拔、光亮，颜色嫩绿且有神采；栽培在光照不够充足条件下的兰蕙长出的新草，叶子定然薄而柔软、弯垂、娇嫩且缺少勃然生气。这本来就是爱兰人不可不知道的道理。如果种在偏阴环境里的新草，突然把它移到阳光充足的地方，它的叶子必定因不能适应而整盆凋萎。所以必须要搞清兰草的性状。那些原来喜偏阴的兰草，需要经一二年的时间才能逐渐移到向阳的地方，要经过慢慢地锻炼和驯养，以改变它原来的性状。这方面我也曾亲自试验过，如果把向阳环境下复生的新草，突然移放到阴的地方，虽然一时看不出会有什么大的毛病发生，却可见到原来苗株挺拔的大草因长久偏阴而逐渐变得薄软瘦小。这就说明了太阴的环境是不利于兰蕙健康生长的。只是对那些刚得到的"落山新花"，才采取以"阴养"为主的方法。这样做，即使是先前浇了些肥料的和长期种在偏阴处的草，也都可免去后患。

按：《艺兰四说》说：兰蕙的草叶黄而薄，在告诉你需要施肥；叶黑而焦，病之原因就是伤肥；叶干而毛，是告诉你需要浇水；叶上生有兰虱，原因是伤于水；叶上显露出丝条状细长沟纹，那就是根部的病症。

第十五章·验蕊

顾君翔霄[1]云：春兰三衣壳[2]，倘无一衣全绿者，必无佳花，或一年开好花，必有一年开劣花，又有优劣杂出[3]者，故验佳种必以包衣绿色为拟。若蕙，又不在此论。彼曾亲自试验，信不诬[4]也。若团瓣、超瓣，则俱无矣。

按：荷瓣无肉[5]而有沙晕[6]。

《九峰阁刍言》云：选择新花，总以壳上沙晕为凭[7]，有沙、有晕，可望按瓣水仙，然[8]尤以肉彩[9]为最要。肉者，即箨尖或蕊尖白如米籶一点者；彩，即箨壳上起有重绿浓厚如花瓣者是也。

注释

[1] **顾翔霄** 晚清时江苏洞庭东山人氏，艺兰先辈名人，是春兰'绿英'和'万年梅'的选育者。

[2] **三衣壳** 自外向内数，在一至三层苞壳中观察壳色。

[3] **优劣杂出** 花的开品有开差的也会开好的，即花的开品不稳定。

[4] **信不诬** 诬：捏造事实、谎言。指十分坚信对方的话，不是欺骗人的谎言。

[5] **荷瓣无肉** 即荷瓣型品种的花苞顶端是没有"白头"即"肉"的，只有水仙瓣品种才会有"白头"。

[6] **沙晕** 沙：指兰花苞壳上呈现细微密集的晶亮点；晕：指集聚在苞壳上绿色或赤色的细微小点，呈现如烟雾弥漫状肌理。

[7] **凭** 依据、根据。

[8] **然** 这样。

[9] **肉彩** 肉：是箨壳（兰花花苞最里边的一层包衣，又称贴肉包衣）或蕊头（兰花苞尖）的尖端有一如碎米粒般的白点；彩：箨壳质厚而色绿，形与外瓣相似者。

今译

　　顾翔霄先生说："春兰的花苞自外向内数，紧包的三层衣壳中如果没有一层衣壳是全绿色的，那就一定不会是佳品；或者是某一年开品较好，但在某年开品必定会变得很差；还有一些是属于优劣杂出的品种。所以若要鉴别品种的优劣，必须要看包衣上是否是绿色作为依据。不过上述之说只适用于春兰，辨别蕙兰当然又有与春兰不同的标准。"顾先生曾亲自观察试验过，所以他的话我绝对是深信不疑。

　　《九峰阁刍言》说：挑选新花，总是以观察苞壳上是否有"沙"和"晕"作为依据。如果苞壳上有沙有晕，按照瓣型特征，这种壳色就是水仙瓣型。但尤为重要的是要看壳尖是否有"肉彩"？所谓"肉"，就是花苞包壳的顶部或花苞最里层的贴肉包衣尖上有白色如碎米粒状一点；所谓"彩"，就是花苞最里边紧包萼瓣的那片箨壳（又称贴肉包衣），形大且质地厚、颜色与萼瓣（外三瓣）一样的绿，必定是优秀的"水仙"花品。

第十六章·品性（共二节）

兰蕙种类甚繁，开品性质各异，今举数种，以陈大略[1]。

【第一节】开品之异[2]

（一）潘绿　李君云：俟其开时，蕊上须随时晕水（用喷香水器最佳，第宜购新器，忌用经过香水者）。惟盆泥须先阴干，不使日晒逼燥，则花放大足矣。后据凭君云：花虽放足，色必带黄。

（二）程梅　许丈[3]谓：程梅开候[4]，亦用晕水[5]方法，花能开足。

（三）发祥梅　此种起蕊，取形尖者留之待开，方有佳花。若出土蕊圆者，往往不开，即开亦不佳，不如去之，以免拔力[6]。惟此种蕊起[7]，宜风爽处安置，又不宜大雨淋漓（其盆泥喜燥可知），若冬季严寒，仍安[8]于室，不必逐年翻种，即种亦祇用原泥可也。余昔年在湖州钮君[9]处见开甚佳。

（四）关顶梅　关顶舌大，开时宜先将其舌拆开，庶[10]捧心不致向上，且阴处复花，色亦见绿矣。

（五）天兴梅　天兴梅之种，包壳极紧，先以竹丝针挑开苞衣，则蕊能即透出也。

（六）代梅　代梅开时，或花瓣互相挤住，不能重迭，端整[11]须在初放时即以牙签拨正，则上下整齐，方为雅观。

（七）吉祥素　瓣极阔，色绿，若开一日即剪下，则肩不致落。

（八）花开变常式者[12]。花种发者，即蕙中大一品，开分头合背[13]梅形水仙。关顶梅外三瓣结圆如钱状。而春兰之中，十圆能开分头合背梅形，且有开一梗双花，上下其形者。蔡梅亦开五瓣分窠[14]水仙，是一种尚有开时上落之分（庚子（1900）春，十圆曾开合背）。

（九）花之极上开品。评蕙极上开品在小排铃时，瘫放（瘫放者先见捧心之谓也），外瓣短，不能包合捧心，至蕊渐大，外瓣亦渐长包捧，外瓣初放翻后，次日自会向前合抱，不借人力为之。然惟杭州极品梅，方有如是开品，不易得也。

方时轩《树蕙编》云：蕙花探头至排铃，须二十日或半月。排铃[15]至转柁[16]，十日或六七日。转柁至开花，三日或五日。初开至开齐，五日、或两日、或一日。据此，则蕙花自探头[17]至开齐，早则二十六七日，迟则四十日。

注释

[1] **陈大略** 陈：叙说、陈述；大略：大概、梗概。

[2] **开品之异** 开品：指兰开花时的形象（状态）；异：不相同。

[3] **许丈** 许：即许霈和，清时浙江嘉兴新塍人，《兰蕙同心录》的作者，擅诗画，集古董，嗜兰成癖；丈：对年长者的尊称。

[4] **开候** 兰即将要开花的时候。

[5] **晕水** 为如雾状的细微水珠。

[6] **拔力** 无谓消耗植株的营养。

[7] **蕊起** 蕊：花苞；起：花苞分生形成的状况。

[8] **安** 置放。

[9] **湖州纽君** 即纽慎伍，晚清湖州著名兰家，为春兰月佩素的选育人；君：尊称。

[10] **庶** 但愿、或许。

[11] **端整** 在兰花初放时，对花的某处做人工矫正工作。

[12] **花开变常式者** 花开：开出的花品；变：发生变异；常式：通常所见的无瓣型的行花。

[13] **分头合背** 兰花本应分离的二捧瓣，因雄性化较强，形成前端分离而中下部粘连在一起的"半硬捧"形。

[14] **五瓣分窠** 指兰花外轮三瓣及内宫二捧瓣等，相互间都应有合适距离的，是好花品的基本要求之一。

[15] **排铃** 指蕙兰原为互相紧贴的小花苞，随花梗的生长发育而四面伸开。

[16] **转柁** 生在蕙兰花干上的数花，花心朝上、花柄横出，称转柁，又称转茎。

[17] **探头** 蕙花一莛中第一朵花刚开出，称为"探头"。

兰蕙的品种相当多，但花的开品及特性却各自不尽相同，今举上一些有代表性的品种概述如下。

【第一节】开品之异

（一）潘绿　绿蕙梅。李先生说：待此花快要开时，花苞上要随时喷水（以用喷香水的新喷壶为最好，不能使用已喷过香水的），盆泥必须先阴干，不能采用日晒逼干的办法，这样能使花开大开足。后又据李先生说：这样做，花虽可放大开足，但花色定会绿中带黄。

（二）程梅　赤蕙梅。许伯伯说：程梅即将开花时也要采用在花莛上喷水增湿的方法，才能使花开足。

（三）发祥梅　赤蕙梅。这品种形成花苞之后，要选取头形尖的留下。等待开花时才可能有佳花选出。而花苞出土后如见头形圆的，往往不能开花，即使能开花，花品也不会好。不如除去，以免无谓消耗营养。唯有发祥梅此品种，苞出土后，宜把它在通风处放置，但又不可有大雨淋（须知所栽盆泥喜燥）。如冬季天气严寒，仍应安置室内。盆泥不必逐年翻种，即使要翻盆、重栽，也只需用原盆老泥就可。往年，我曾在湖州纽先生处看到这花开品很好。

（四）关顶梅　赤蕙梅。关顶是大唇瓣形花，所以开花时最好先把它的唇瓣拆开，不被捧心包裹，这样才能使二捧不致被唇瓣顶挤向上。而且如果置放在偏阴的地方让它复花，那么它的花色也会嫩绿一些。

（五）天兴梅　春兰梅瓣。天兴梅的花苞，因苞壳包得极紧，所以开花时先要用细竹签把苞壳轻轻挑开，这样花即能舒展开放。

（六）代梅　春兰梅瓣。代梅开花时，花瓣极易互相拥挤，致使二花不能重叠端正。必须在花朵初放时，立即用牙签拨正。这样才能使二花

蒔兰实验

上下开得整齐雅致。

（七）吉祥素　春兰素心。花形大，花萼极其宽阔，花色绿，如果花只开一天就把它剪去的话，所见就不至于会落肩了。

（八）花开变常式者（花的寻常开品曾发生过变异的一些品种）。植株壮大的草，会有不同开品发生。如原本是软蚕蛾捧，荷形水仙型的'大一品'，开出捧形分头合背的梅形水仙型花；如五瓣短圆、观音兜捧的'关顶梅'，开成外三瓣结圆如三个铜钱拼成的样子；如春兰中常是水仙型开品的'十圆'，却开出分头合背半硬捧的梅瓣型来，而且还有上下形状一致的一梗双花开品；如本是梅瓣型的'蔡梅'，也会有五瓣分窠的水仙型开品；而且在开花以后，花的开品还会再发生变化，如庚子年（1900）春，'十圆'曾开过合背半硬捧之花。

（九）花之极上开品。要鉴评蕙兰的极佳开品，对那些具有"瘟放"特征（就是花苞尚未开就先可以见到捧心的花品），它们在瘟放之时，因外三瓣短而不能包盖住捧心之故。当蕊头（小花苞）发育渐大的同时，外三瓣也跟着渐大，到花初放时可见到包在捧上的外瓣会后翻，但到了第二天，后翻之瓣能自动前翻呈合抱之势，却不需人力帮助。不过这么好的开品之花，只有杭州的极品梅才能如此，可见好花不容易得啊！

【第二节】性质之异

（一）宜阳带燥各种[1]

兰

宋梅　贺神梅　荷钱梅　意园团莲　意园春奎素

第一梅　万字　吉祥素　赤素荷蔡梅　天兴梅

汪字

蕙

潘绿　程梅　关顶　元字　徐一品　金呑素

（二）宜阴带潮^[2]各种

兰

奎字梅　绿华梅　吉字　十圆　文团素　意园春

鼎梅

蕙

绿萼　荡字

此略考^[3]其平时性质而言，若论开花之际，不拘^[4]何种皆宜稍干。倘盆泥潮湿，则有落肩^[5]、翻背^[6]之患。惟十圆仙一种，虽潮湿亦如故。

注释

[1]　**宜阳带燥各种**　宜阳：合适、喜欢阳光；带：同时附带喜欢；燥：泥土偏干；各种：诸个品种。

[2]　**宜阴带潮**　阴：不见阳光谓阴，实究兰性只是喜欢偏阴，并不喜欢全阴，故应称"宜荫"；潮：空气中、土壤里均含有适合兰蕙生长的水分，本文拟为土壤湿度。

[3]　**略考**　略：大略的；考：考察。

[4]　**不拘**　拘：拘泥，则不受限制。

[5]　**落肩**　形容兰蕙花朵左右二侧萼，下垂的形态。

[6]　翻背　形容兰蕙之花三萼瓣，向后反卷的形态。

今译

（一）喜光照、喜偏干的诸品种。

春兰：'宋梅''贺神梅''荷钱梅''意园团莲''意园春奎素''湖州第一梅''万字''吉祥素''赤素荷蔡梅''天兴梅''汪字'。

蕙兰：'潘绿梅''程梅''关顶''元字''徐一品''金弇素'。

（二）喜偏阴、偏湿的品种。

春兰：'奎字梅''绿华梅''吉字''十圆''文团''意园春鼎梅'。

蕙兰：'绿萼''荡字仙'。

这是在栽培中大略考察到的兰蕙日常生长特性。如果是开花的时候，就不拘泥是哪个品种，盆土一律都以偏干为好。如果盆泥潮湿，就会使所开的花变成"落肩"和"反挢"的开品。唯有"十圆仙"这个品种，虽然盆泥潮湿也能保持原样不变。

第十七章·用簾

　　夫兰生幽谷，素性避阳[1]，一旦移置盆中，必用簾以障护[2]，始[3]不失其本性矣。所以考究[4]者在春二三月、秋八九月间，须以竹丝簾障日[5]，取其透爽[6]。若于四五六七之月，天炎日烈，则用芦簾以围护，不使骄阳相逼，培养得宜，叶免"焦头"之患。惟芦簾、竹簾，皆用棕绳所经，方[7]多用一年也。

注释

[1] **素性避阳**　素：素来、向来；性：花（喜与畏）的特性；避：因害怕而躲避。阳：骄阳。

[2] **障护**　遮掩保护。

[3] **始**　方能、才能。

[4] **考究**　浙江方言，指做事要求标准之高，具有认真细致、一丝不苟的工作态度。即指对每个栽培环节都有具体严格的要求，不许丝毫的马虎。

[5] **障日**　遮挡阳光。

[6] **透爽**　透：通过；爽：开朗舒畅。指搭了芦（竹）簾后，为兰创造了清爽舒畅的环境条件。

[7] **方**　才可以。

　　兰花生长在深山幽谷间，素来本性喜偏阴而不喜骄阳。它们一经被迁移到花盆中栽培，就必须用帘子遮挡太阳，才能不失兰喜弱光而不喜强光的本性。所以培护工作"考究"的兰人，会在农历春二三月间及秋八九月间，搭起木架，铺上间隔较疏的竹篾丝帘，可以通风又能遮挡强阳，为兰创造了一个清爽舒畅的生活环境。如果是在四至七月间，天气炎热，烈日如火的几个月里，则必须用间隔较密的芦帘遮挡烈日，不使兰花受到骄阳的胁逼。培养得当，就可以免去兰叶产生"焦头"和"黑斑"的病患。竹帘、芦帘，都用棕绳编扎，能比用其他材料编扎的多用些年！

第十八章·灌肥（九节）

用肥之患，三章中已陈明，余今亦概置不用矣。因求速发，必多易败之虞[1]，若用之得法，害或可减，殆亦癖花者所宜留意乎！予非不谙其术[2]，兹将一切壮法附载于后。

第【一】节　蚌肉装瓮待烂。其性虽凉且壮，总嫌太猛[3]。余试浇之，盆面草即萎（草谓蜈蚣草也）。

第【二】节　生花生肉打烂拌泥（用法见下章建兰中）。

第【三】节　头发（或剃头之短发，亦详建兰中）。

第【四】节　鹿粪晒干打细。以泥八分、壮二分，拌和栽种，惟平时逢雨即避，盆面带燥，透风为主。此湖州赵君子鹤所用，余不取也。

第【五】节　草汁水。

况草性温[4]，长兴有莳兰者，将十圆以草汁，越数日一浇，其草阔厚异常，花开极大。此在阴处得复，故叶无焦斑，大抵用壮者，偏阴为法[5]也。

第【六】节　坑砂宜漂用。先以清水满浸，越数日[6]一换，漂至二月之久，取出晒干、研细，如小盆兰，用一二钱，大盆蕙，用三四钱。凡春间翻种，只宜用于盆边，不宜着根[7]，如近根之处，先用细泥护之，然后加入坑砂。取其性肥经久，略免猛蒸根本，曾经试用，惟逢雨须避之。

第【七】节　毛豆壳汁。先以毛豆壳装满八分一坛、注水，听其腐烂[8]，次年春间去其渣而澄清其汁，临用仍须和水，大约肥四、水六为法，浇以霉前后[9]一次，小暑候一次，如秋分前后花蕊见时，用极淡者一次，大盆用碗许，小盆减半，此外不必再浇，浇后忌日晒，俟[10]雨后见阳，方可免起焦点[11]，惟浇须沿盆，切勿浇入中央。

第【八】节　笋壳汁。春间食笋留壳，与毛豆壳浸法同，亦须来年方用，使臭气之薄，用法同上。

第【九】节　宿粪汁[12]。在腊月间装甏[13]，嘱乡人掘乡间路泥置其中，上盖泥一二尺与地面平，须隔二三年取出，虽不能如清水，然色亦不黑，臭味全无。拼法[14]：水七肥三。用法：夏花[15]十六瓢匙，春花[16]减半。浇后用喷筒喷清水微润，则盆面蜈蚣草依然青翠，越一周时，如不遇雨，再用喷筒逐盆浇水二三次，得透为度，使其壮走匀，而避阳又为要事，免致脚壳及叶尖起焦斑，也有云雨前浇壮者，然雨过即流，未必得力，如遇盆泥过干，先用清水喷筒润之，然后浇肥，使易入泥中。

总之，用壮后，须俟雨后，方可见阳。以上各法，曾试验七八，惟稍受蒸郁，叶无不萎，不如清养为佳，且凡用壮之盆花，叶虽大，总不能文秀规矩，故余自乙巳[17]春始，无论兰蕙赤绿诸种，概以清养为法。

《养兰说》[18]云：素兰本不宜过肥，肥必生孽[19]，肥极[20]根烂而死。今欲催其枝盛花繁，自然施以适当培补之法，三四月间，新叶长至寸余，下肥水一次（须候泥略干，方可下肥），其时花笋将胎[21]，厚其精力[22]，花自繁盛。九月间又下肥一次，培补元气，明春叶剪[23]必壮。下肥后加水冲淡，隔一二点钟遇雨最妙，否则用水匀洒一次。下肥后须避阳光四五日，俟泥略干方受晒，倘即晒日，必致根咸而死。《养兰说》:拟似指素心建兰。

《兰蕙镜》[24]云：四月新苗初发，莫灌肥水；五月发春棵，忌浇肥；六月如新颗[25]小，即浇人乳一大锺[26]，三日后再冲淡；七月根叶皆长，日浇生豆浆；八月中秋后，时根叶皆旺，满浇草汁，以河水过清[27]；九月正发秋颗，最宜滋润，微灌草汁，浇以清水。(《兰蕙镜》似指蕙兰)。

注释

[1] 虞　忧虑（株叶萎败）。

[2] 予非不谙其术　予：我；非：不是；谙（ān）：熟悉、熟练。术：方法。指这些方法我曾都经历过。

[3] 猛　强烈。指肥效过速过大。

[4] 况草性温　况：比较；性：特性、特征；温：温和。

[5] 偏阴为法　偏阴：接受阳光的烈度较弱；法：要求达到的标准程度。

[6] 越数日　越：经过、跨越。指经过几天之后。

[7] 不宜着根　着根：兰根与泥结合紧密。意谓不利根与泥密切结合。

[8] 听其腐烂　听：任让。即任由它腐烂。

[9] 霉前后　霉（应作梅）：江南梅雨季的前期或后期。

[10] 俟　待到、等到。

[11] 起焦点　起：显露、生起；焦点：形容兰叶上生起了黑斑病。

[12] 宿粪汁　陈年的人粪尿。

[13] 甏（bèng）　圆柱、广口的陶瓮。

[14] 拼法　拼：合并；法：方法。即水与肥二物稀释的比例法则。

[15] 夏花　蕙兰的别称。

[16] 春花　春兰的别称。

[17] 乙巳　为清·光绪三十一年即公元1905年。

[18] 《养兰说》　兰花专著，由清·九思斋主人撰写。

[19] 挚　有虫子寄生并不断繁殖。

[20] 肥极　极：极端。即用肥过多过浓。

[21] 花笋将胎　花笋：喻花苞；将胎：兰蕙花苞的形成与孕育。

[22] 厚其精力　集中精力专注某物或某事。

[23] 叶剪　形容兰花新草的株叶健壮，青翠有神。

[24]《兰蕙镜》　兰花专著，系清·嘉庆十六年（1811）为江苏荆溪的屠用宁编写。

[25] 新颗　兰花新分生的棵株。

[26] 锺　酒盅、酒盏，"锺、盅"二字古通。

[27] 河水过清　再浇以清水。指兰蕙施过肥几个小时之后必须追浇一次清水，以减低土壤中肥料的浓度，可防止植株根细胞水分被倒吸，此操作称为过清。

今译

　　施肥不当所引起的危害，在本书第三章里已经作了陈述，于现今，我也已经一概放弃不再采用了！要想求得兰株能快速生发，使用肥料的次数就会愈多，必然会使兰株遭致萎败的后患愈多。当然如果能使用得法，那么因施肥而致害的后果或可减少，这也是所有爱兰者需要重视和留意的！我之所以这么说，并非是没有这方面的经历。现将自己对施肥方面的实践情况记述在后边。

　　第【一】节　河蚌肉装甏待烂。把河蚌肉放入陶甏里，密封后让它慢慢发酵腐烂一两年后再用，它的肥性凉而力大。我试着用蚌肉水浇兰花，却发现护面的蜈蚣草立刻就全枯萎。

　　第【二】节　花生肉。把生花生的肉打烂成粉末，再用泥土拌和一起后作基肥施用（详见本书第二十章建兰部分）。

　　第【三】节　采用头发（或取剃头的短头发，也详见本书第二十章的建兰部分）。

　　第【四】节　采用鹿粪。把鹿粪晒干后打成细末，以泥八分鹿粪细末二分相拌和，作为植料栽培兰花，唯一要注意平时若遇雨，须立即搬避。要使盆泥带燥（偏干）、透风为主。这方法为浙江湖州的艺兰家赵子鹤先生所用，但我没有采纳。

第【五】节　施用草汁水。草汁水肥性比较温和，浙江长兴有养兰人用草汁水浇春兰'十圆'，过数天浇上一次。发现它的叶株异常厚阔，开的花也特别的大。这是栽养在偏阴条件下的复花，兰叶上无焦头和黑斑。所以兰花用过肥料以后，以放到偏阴的地方为合适。

第【六】节　施用坑砂。取粪坑边打下的或成块的坑砂，先需经漂洗才能施用。方法是将坑砂漫浸在清水里，且每过数天就要换一次水，这个时间须长达2个月之久，然后取出坑砂放阳光下晒干，再研成细粉末备用。小盆的春兰，用（老秤）一二钱；大盆的蕙兰，可用（老秤）三四钱。只宜用于在春时翻种过的兰花，坑砂粉末只须撒在盆边泥处，不可以直触碰到兰根，如遇有近根之处，先要撒细土盖住兰根，加以保护，然后才可撒上坑砂粉末。坑砂肥分较强烈而长效，需避免因肥分过大而伤到根和植株。我曾经使用过，需要注意的是避免雨淋。

第【七】节　毛豆壳汁。秋时选取陶坛把新鲜大豆壳装入约八分满，然后加水和封口，任其闷烂。到了来年春天时，开坛将渣捞出，可取澄清汁水四分，加水六分，经稀释后施用。时间为梅雨前或梅雨后浇施一次，到小暑时再浇一次，秋分前后花已怀胎，宜用极淡的豆壳水再浇一次，用量为大盆约为一碗，小盆则减为半碗。除了这几次以外就不必再浇施。

兰花施过豆壳水以后，再忌日晒，等待雨后再见太阳，才可避免叶有焦尖黑斑。注意浇肥时须沿盆内壁徐徐匀浇，切不可浇入中间处。

第【八】节　笋壳水。春天吃笋时，可把笋壳留下作为沤肥的原料，制作方法与浸毛豆壳相同。也必须经过一年以上的沤制。若开坛之后，已觉臭气极淡，就可参照沤毛豆壳同法按肥二与水八的比例稀释后再用。

第【九】节　宿粪汁。在十二月里，可把人粪尿装在甏里封好，在路边挖个一二尺深的坑，将粪甏埋入后即盖上泥土，盖得与地面一样平。

然后须经过了两三年之久，取出粪甏，见甏中的粪便虽然不能如清水一样，然而颜色不黑，臭味全无。具体用法可以按照水七分、肥三分的比例稀释使用。蕙兰每盆约16汤匙，春兰每盆约减半（8汤匙），施肥后即喷清水微润，可使盆面的蜈蚣草仍然保持青翠。过一个星期之后如仍未遇雨，应再用喷筒逐盆浇水，并来回二三次，直至浇透浇足为止，使所施肥料在盆土里能肥力均匀。同时尤以避阳最为重要，以避免植株脚壳和叶尖变焦起斑。也有人在天下雨之前施肥，然而这样会因雨而致使肥料流失，结果是兰花未必能得到肥力。如果遇到盆泥过于干燥时，可先用清水润一下盆泥后再施肥，这样可使肥分容易进入泥中。

总而言之，兰花用过肥后，必须要等到淋雨后才可再见阳光。上面有关各种施肥的方法，十有七八，我曾都试验过，发现只要是因施肥而稍受过蒸闷的兰草，它们的株叶就没有不萎败的。因此还不如"清养"为佳。而且还发现凡是用过肥料的盆栽兰花，它们的花和叶子虽然宽大，却总不能具有文秀端庄的气韵。所以我自己栽培的兰蕙，自从清·光绪三十一年（1905）开始，不管是赤、绿诸多品种，一概都采取"清养"的方法了。

《养兰说》说：对于素心品种的兰花，本来就不宜太肥，"肥，必招虫子生存繁衍，肥极，致根烂而死"。今天，你想促兰花苗株能枝盛花多，自然要适当施肥作为培养中进补的方法。

农历三四月里，新株长到寸余长的时候，可以施一次淡肥水（必须要使盆泥略干后才可以下肥）。因这时正值兰花孕蕾的时候，它们若能"身强力壮"，开花自然就能繁盛芳香，农历九月里若再次施肥培补元气，则来年春天因得到足够的养料，株叶生发必然健壮。施过肥料后隔一二个小时要再浇清水，以冲淡土壤中的肥料浓度。如果此时能遇雨，那是最好不过的事，若天不肯下雨，则用水均匀浇一次。施肥后要避阳光4～5天，待盆泥略干后才可接受阳光。如果施肥后立即接受阳光，土壤必然会缺水变成碱性，致使兰株枯萎。

《兰蕙镜》说：农历四月新苗初发，不要浇肥料，五月发新株，也忌施肥。六月时新株草如发得小，即可浇人乳一大盅，过三天后，盆泥再浇一次清水加以冲淡。七月时兰花根株基本长成，可浇生豆浆，八月中秋节后，这时兰花新株健壮，新草、老草整盆繁茂，可浇草汁水后再用河水"过清"。九月里兰花正发秋株，盆土最喜欢滋润，可浇草汁水，再浇清水。(《兰蕙镜》所说的这些话，好像是指蕙兰)。

第十九章 · 拾遗

拾遗【一】

《兰蕙同心录》[1]云：种时泥不可太干，干则一摇即实，他日必四围脱空，中间坚硬，浇水旁漏[2]，根块仍干[3]，则花必不发；土不可太湿，湿则根间土不到，花亦不发。故种泥若干[4]，用水洒匀，大约八分干二分湿方用。杨怀白[5]云：种泥须扬之不飞[6]、搏之不聚[7]，乃可[8]。

注释

[1]　《兰蕙同心录》　为清末时秀水（嘉兴）新塍柿林乡大兰家许霁和（1834—1904）先生所著之兰花专业书。

[2]　浇水旁漏　因盆中泥过干板结，致浇水时水立即从盆的内壁缝流出，而盆土仍趋于无水状态，俗称浇"半截子"水。

[3]　根块仍干　根块：兰根与盆泥。指浇水未能浇到兰根及周围泥土，造成兰花根株长期缺水。

[4]　种泥若干　种泥：盆泥；若：如果；干：干燥。

[5]　杨怀白　上海人，善诗爱兰，郑同梅的《莳兰实验》原著手稿一直由他保存着，杨先生还时任上海《晶报》特约撰稿人，又是京剧票友。

[6] **扬之不飞** 扬：将植料置风口处受吹；不飞：以不能被风吹走的为好泥。

[7] **博之不聚** 博：压击、敲打；聚：黏结一起。指植料结构保持颗粒状，无黏性板结。

[8] **乃可** 乃：才；可：可以用。

今译

《兰蕙同心录》说：栽兰的泥土不可太干，如太干，就会一摇就实，以后，必定造成盆中间的泥土坚硬，浇水时，中间的兰根得不到水，而盆底却已有水从盆边流出盆外，致使植株长期缺水，难以长成壮苗。然而也不能太湿，若太湿，会造成根间少土而脱空，兰草也难以生发。所以上盆时植料（泥土）以八分干两分湿最为适合。杨怀白说：种兰的泥土必须在风口扬撒，能不被风吹走的才可用，还必须是抓起一把土用力捏压，当一放手即散而不会粘成块的才为好。

拾遗【二】

《竹叶亭杂记》[1]载《古今秘苑》[2]云种四季兰（建兰）法："在三伏内[3]，取土晒干，盆底放炭数块，另用金银花[4]二钱埋根下，则四季开花。"

注释

[1] **《竹叶亭杂记》** 晚清·姚元之（1776—1852）编著，共八卷。姚为

嘉庆十年（1805）进士，道光二十三年（1843）告老。书里大多为朝章国事，先贤遗事，风俗民情及花鸟虫鱼等内容。卷八所载内容为虫鱼走兽，草木花石。

[2] 《古今秘苑》 许之凤辑，清代刻本，全书共四卷二集，收录古今秘术1000种。

[3] 三伏内 三伏：为夏天高温季节初伏、中伏、末伏的总称；内：时间范围。

[4] 金银花 即忍冬花，多年生半常绿缠绕灌木，叶对生、卵形、有柔毛，花初白后黄，入药，主治温病发热、热毒下痢等症。

今译

　　《竹叶亭杂记》摘录《古今秘苑》书中有关种建兰的方法：在盛夏三伏天里，取泥晒干，盆底放几块炭，再用晒干的金银花二钱埋于兰根下，这样就能四季开花。

拾遗【三】

　　《兰言》[1]记松鳞制土云：新安张三来[2]，谓伊族兄某，善艺兰，尝以松上龙鱼鳞[3]浸厕内若干日，后置清流涤其秽[4]，然后屑而为土[5]，以之[6]种兰，其叶肥劲而短。

注释

[1] 《兰言》 我国明末清初一篇围绕着以兰为中心的优秀散文，作者为文学家冒襄，历来该书都被称是兰花古籍之一。

[2] 张三来 张潮（630—？）字山来，号心斋居士，安徽歙县人，是冒襄所著《兰言》的序作者，清代文学家，官至翰林院孔目。著作有《心斋诗集》《昭代丛书》等。

[3] 龙鱼鳞 指代松树的外皮。

[4] 置清流涤其秽 置：置放；清流：清洁的河水、溪水；涤：漂洗；秽：脏污之物。

[5] 屑而为土 屑：粉碎而成颗粒；为土：替代为泥土。

[6] 以之 使用。

今译

　　冒襄的《兰言》里记有用松树皮代泥作兰植料的方法，说新安（今安徽歙县）有位叫张三来的人，他的族兄某善于栽培兰花，曾经把松树皮浸在粪中数天后，取出盛于筐里，放在流水里漂洗净脏污之物，再将其击碎成颗粒状，然后用它来代替泥植兰，这样能使兰草长得叶短而肥绿。

拾遗【四】

　　杨子明《艺兰说》[1]：盆底蛤蜊壳，洒细土后再洒白藋末[2]一层，日[3]以免生虫。

余从种建兰须用焦土[4]之理推之[5]，故属兰客取绍兴山间浮土杂青草，猛煅成为熟泥，再渥[6]以茶清，晒干用之。

注释

[1] **杨子明《艺兰说》** 杨子明为清朝南京江宁人，生平不详。《艺兰说》是他的兰花专著。该书1917年的石印本为厦门大学图书馆所收藏。

[2] **白蔹末** 白蔹（liǎn）：多年生蔓生草本植物，掌状复叶，浆果球形；末：将白蔹的根研细成末，可入药。

[3] **日** 日后，以后。

[4] **焦土** 俗称焦泥灰，取山野间表层泥和晒干野草堆烧而成。

[5] **推之** 联想，推想。即参照某一方法或经验加以分析推理。

[6] **渥（wò）** 沾湿、沾润。文中之指谓在煅烧成的焦泥灰上再加上茶汤。

今译

杨子明在《艺兰说》书里谈及："盆底蚌壳上洒细土之后，还要再撒一层用中药白蔹根研成的细末，这样可以防止日后兰花生虫。"

我（原作者）从种建兰须采用"焦泥土"的道理加以推理，兰客取绍兴山间浮土再掺杂青草后经猛火煅焙，把生泥烧成熟泥后，再向泥堆里浇入清茶汁，并让泥土在阳光下晒干，以备随时取用，两者方法和目的相似。

拾遗【五】

《同心录》云：每逢翻种，必将空根剪去，设有[1]断根未空者，亦须修脱。其叶黄而未枯，不宜遽[2]剪，因待回气[3]也。

又云：湿盆不可翻种，因根湿则易断，必待盆干时轻轻覆出[4]，庶[5]不伤根。

种旧花用旧盆新泥；种新花用新盆旧泥。否则不发。

注释

[1] 设有　设：如果、假如；有：存在。
[2] 遽遽 (jù jù)　匆忙。
[3] 因待回气　因：原因，讲理由。待：等待；回气：尚有未被耗尽的营养物质能回输给植株。
[4] 覆出　覆：倾倒；出：泥土离盆。
[5] 庶　才能。

今译

《兰蕙同心录》说：每当翻盆栽种兰蕙时，必须把空根剪去，遇有根虽已断，但还未空的，也必须把它剪去。黄而未枯的兰叶，存有没有耗尽的营养物质，能被回输给生长着的兰株，故不可过早剪除。

又说：兰蕙翻盆、上盆时，如盆泥过湿，不可以立刻翻盆栽植，因为湿根容易折断，必须等盆泥干时再轻轻倒出，这样做才能不伤到兰根。

旧草上盆，宜用旧盆新泥；新草上盆，宜用新盆旧泥。这是经验之谈。如果不按照这规则去做，所栽之草则难以生发。

拾遗【六】

《同心录》云：种时[1]根置[2]细泥上，恐[3]泥尚潮，不易着根，则根必空。故须轻轻摇盆使实，又用指四面[4]缓插，使根无空处，且着根块之土，不宜太松宜稍实，至四边则又以松为妙。

注释

[1] 种时　种：上盆，栽植兰株；时：时候。
[2] 置　摆放。
[3] 恐　忧虑、怕。
[4] 四面　周围。

今译

《兰蕙同心录》说：栽植兰蕙的时候，先把根置放在细泥上，此时最怕所用细泥还不够干，假如用潮泥上盆，会造成根与泥不能密切结合，后果必是使根变空。所以上盆时盆子要多次用手轻摇轻拍，还要用指头轻插植株四周泥土，使根与土互相能紧密结合，不留空处。对根附着的旧泥块处所接触到的新泥，则更要稍实。而植株周围的土，则仍以疏松些为好。

拾遗【七】

《养兰说》[1]云：翻种毕，即以清水透淋二三次，使干根见水发涨，与泥相合，置阴凉处半月不晒，自然服盆。

《九峰阁刍言》[2]云：翻种置阴凉之处后，如天燥，每早须喷水一次，略潮而止[3]。雨后方可见日，倘不遇雨，两星期后方可渐移见日。

凡新种兰蕙如见盆边之泥有裂缝，即须再浇，亦是润泽而止[4]，以后仿此。

注释

[1] 《养兰说》 兰花古籍，系清代九思斋主人于1907年所撰。另有明代陶望龄、张云璈等人先后写有同题名的散文。

[2] 《九峰阁刍言》 九峰阁：是仁和（杭州）吴恩元（淳白）的兰苑名；刍（chú）言：谦辞，释义为把自己的意见比作是鄙陋人所说的话。《九峰阁刍言》是苑主吴恩元所述兰花经典言论的汇集。

[3] 略潮而止 略：略微、稍微；潮：潮湿；止：停止。意指在兰株叶上稍喷水，以增加湿度。

[4] 润泽而止 润泽：润湿，其湿的程度比"潮"要略大些。意指刚上盆不久的兰蕙，因盆边泥较疏松，会干得特别快些，盆壁与泥容易发生开裂

痕迹，此时需对盆泥补浇些水，湿度达到"润"，即比"潮"稍多些，这需在实践中多多体会。

今译

《养兰说》记载：兰蕙上盆的整个操作过程完成之后，紧接着要用清水灌浇盆泥二三次，直至浇透为止。这样做才能使已干缩的兰根吸水而发胀，能够使根与盆泥紧密结合。然后把盆放在阴凉处，避晒太阳半个月之后，便可使兰株服盆。

《九峰阁刍言》说：兰蕙翻种之后，要放到阴凉的地方，倘若遇干燥天气，则每天早上必须给植株和盆泥喷一次水，至略见"潮"为止。此时盆株须在雨后才能照些太阳，如不能遇到下雨的机会，则盆株只能置放阴凉处，时间须两周，之后才可慢慢接受阳光。

凡是新种兰蕙，如发现盆的内壁与盆泥间有裂缝，则需要浇水须达到盆土润泽的程度，以使盆壁与盆土紧密结合，此后如再发生这种现象，还是用这个方法解决。

拾遗【八】

《同心录》云：或将青苔晒干研碎筛盆面上，得水潮湿即生青苔，或用大翠茵草，即蜈蚣草，滋荣满盆[1]，亦所不取。最合宜[2]者小绿茵草，种时铺满盆面，将干细泥洒上，用手轻轻按实，然后喷水，若遇风燥天气，须日日喷一次，半月后再得雨透，则草成而盆面固[3]矣。

按：翠茵草太厚密，易生小虫，宜剪之使薄而少疏。

注释

[1] 滋荣满盆　滋荣：生长繁茂；满盆：盖住整个盆面。
[2] 合宜　合适、恰当。
[3] 草成而盆面固　草成：护面草成活；固：稳当。指所植蜈蚣草已成活，能起到保护盆面的作用。

今译

《兰蕙同心录》说：采来青苔晒干后将其研成细末，然后放于筛子里把它们筛在盆面土上，当遇湿后立即会生起新苔，以保护盆面。也可用大翠茵草即蜈蚣草铺种盆面，但蜈蚣草一下兴盛满盆，似觉有所不取。最为适宜的是小绿茵草（小翠茵草），种时将它薄铺盆面，上面撒些细泥后用手轻轻按压，再在上面喷些水。如遇有风的干燥天气，更须每天喷一次水。半月后再将盆放在户外接受雨水至透，草成活后则可起到保护盆面的作用。

按：当翠茵草生长过于厚密之时，容易孳生小虫，最好是将它剪得薄而稍感稀疏。

拾遗【九】

培养芦头之法：种泥盖没^[1]芦头，不可太深，不可用肥，不可淋大雨、久雨。放阴处六七日后，移至阳光最重处，泥白，宜浇水，但见^[2]芽露^[3]，即盖以细泥，再露再盖，两三度后芽长叶放，则易大矣。由蒲芦^[4]初出之子草，须避长雨、阵雨，必待长大后始可受微雨，否则霉烂尽绝。

小草如不见有病叶，不可翻盆，翻则后发之草不能大，且新盆泥松，经雨沾泥，草心往往霉烂。

注释

[1] 盖没　掩埋。
[2] 但见　但：只、仅；见：可以看到。
[3] 芽露　芽：指老芦头上分生出的新芽；露：裸露出，冒出泥面。
[4] 蒲芦　即无叶的假鳞茎（老芦头）。

今译

培养老芦头的方法：老芦头掩埋在盆泥里不能过深，不需施肥，也不可淋到大雨，如遇长久下雨时，须置放在阴凉、通风、无雨的地方。到了六七天以后，要把它移到向阳处，充分地接受强阳光。如见盆内泥色变浅，就应当浇水。不久如若见到有新芽初出泥面，即当用细土盖住，此后则再露再盖，如此不断地反复二三次之后，新芽可以不断长高放叶，这样做容易使新芽新苗长得又快又大。

刚从老芦头上焐出不久的新草抗性不强，害怕长雨、阵雨，必须等到长大以后，才可以接受微雨，想不按此规律去做，则会遭到"母子"一起霉烂尽绝的不幸后果。

芦头焐出的小草，如不见有病叶等症状，就不要急于翻盆。因一经早翻，草就不容易大。而且新翻盆泥必须疏松，若经淋雨，雨水溅起则容易把泥水溅入叶管草心，致病菌感染霉烂（茎腐等病）。

拾遗【十】

《同心录》云：挑簾须搭木架，如北旷庭宽[1]，宜低搭，丈余足矣。若庭窄墙高，必须高出檐际[2]，方可透风。

又云：盆排西角，龙头草[3]向东隅，使通阳气，叶迎风露，则子芽发时齐整[4]，或有时转盆[5]，冀四面皆有龙头[6]，此法大盆叶茂，则可若二三筒草，又所不宜。

注释

[1] **北旷庭宽**　北：靠北边的栽兰场地；旷：辽阔；庭：庭院；宽：广阔。

[2] **高出檐际**　檐际：屋檐边。指阴棚的高度，须超过屋檐边际的高度，才能使阴棚内空气流通。

[3] **龙头草**　兰蕙的前龙所长的新草。

[4] **子芽发时齐整**　子芽：兰蕙假鳞茎（芦头）所分坐出的新芽；齐整：大小一致。

[5] **有时转盆**　有时：时常；转盆：调动盆子摆放的方向角度，使兰株能

均匀接受光照。

[6] **冀四面皆有龙头**　冀：有望；龙头：兰芽。指兰蕙成年壮株假鳞茎向四周分生出新芽，称为龙头。它们长成的新株称为龙头草。

今译

《兰蕙同心录》说：搭盖芦簾，先要搭好木制棚架，如若庭园北边较为辽阔宽广，通风透气畅爽，棚架适宜低搭，高一丈余（3米左右）已经足够。如若庭园较为狭窄而且围墙又较高，棚架就必须搭得高过屋沿边际，这样才能通风透气。

又说：庭园中西边有墙，兰盆排放在西角，龙头新草则朝向东边，使兰株既能朝阳接受光照，又能迎风得露，子芽新草能发得多而整齐，间或常常变动盆子摆放的角度，有望各盆能均匀地多发龙头子芽、壮草。这种做法，适合叶茂草盛的大盆栽培，如果对于只有两三筒数量少的草，又感到有些不合适了。

拾遗【十一】

《同心录》云：秋冬翻种，断[1]不宜用肥，因时近进房[2]，恐受闷蒸之病。"老盆底"[3]早春加肥，可无他患，然总不如年换新泥之为得也[4]。

注释

[1] **断**　断然、绝对。

[2] 进房　指兰花搬移入暖室防冻。

[3] 老盆底　喻种熟盆的老草，又称"老盆口"。

[4] 为得　做法得当、合适。

今译

《兰蕙同心录》说：如果兰蕙是在秋末冬初这段时间翻的盆，绝对不能再施用肥料，因这时它们都已临近进房的时候，恐怕因蒸郁受闷而致病。"老盆口草"若能在早春施肥，可以没有后患。然而总不如以每年换新泥的做法最为得当。

拾遗【十二】

《九峰阁刍言》云：春兰荷瓣，草面有"肉"[1]，与他种之草不同，若多受日光，易于焦黑，经淋长雨，每致烂心[2]，最喜安置日光少而风露足之处，每日受上午日光两句钟[3]足矣。

又云：蕙花于四五月使受日光[4]宜较平时为多，于早八时晒至午后一时，则起草必大而花亦多。

注释

[1] 草面有肉　春兰荷瓣草，肉质层较别的草肥厚，称肥环叶，俗称"肥环叶"。

[2] **焖心** 焖：原意为烹饪工作中，紧盖锅盖后用微火将食物煮熟的方法，文中形容兰草在高温天气里受雨淋后，叶缝中贮满了水，因通气不畅而致叶管腐烂。

[3] **两句钟** 即时间为两个钟头。

[4] **使受日光** 使：让；受：得到、接受。意指让蕙兰得到较多光照。

今译

《九峰阁刍言》说：春兰荷瓣品种的草，肉质层特别肥厚，与其他草的叶质不同，如日照过多，容易致兰"焦尖"及黑斑病，如长时间淋雨，往往会造成兰株因过湿受闷而"烂心"。它最喜欢被置放在通风并能接受夜露的地方，每天上午接受日光两个小时就足够了。

又说：四五月期间，蕙兰要多晒阳光，要从早上八点，一直晒到下午一点，每天需整整五个小时接受阳光，这样草才会长得快，将来开花也必然会多。

拾遗【十三】

《九峰阁刍言》云：春兰自谷雨至中秋止，如有久雨，任淋无碍。因正在生发之时，水气[1]虽重，自能吸收。若至中秋以后，如淋久雨，则至冬末春初，叶上必皆[2]起"鹧鸪斑"[3]。

久雨初晴，芦簾宜早遮盖。因淋雨过多，叶皆娇嫩，难胜骄阳之烘灼，须逐渐迟遮[4]。迟[5]四五日后，早晨多晒些时，则无妨矣。

注释

[1] **水气** 湿度。

[2] **皆** 全都是。

[3] **鹧鸪斑** 兰花介壳虫所致的病斑。

[4] **逐渐迟遮** 逐渐：一步一步地。指不可突然使兰株接受较强光照，所以芦簾宜早遮盖上。

[5] **迟** 作者认为的合适时间段是天比天的逐渐迟遮四五天后，便可接受晨间的光照了。

今译

《九峰阁自言》说：从谷雨到中秋这个时间段里，春兰都可以淋雨，遇久雨也不要紧，因为此时，兰株正处在生发时期，盆泥虽然湿，但根能吸收，叶能散发。若是过了中秋节，兰就不能再淋久雨了，要不然，从冬末到来年春初，兰叶上必然会起许多黑色斑点，这就是"鹧鸪斑"。

久雨逢初晴的天气，应及早遮盖芦簾，兰因刚受过较多淋雨，叶子显得过于娇嫩，难以抵御突强的烈日。但经过了四五天锻炼后，就可以逐步推迟些时间再盖芦簾，让兰多接受早晨的阳光，就不会有什么妨碍了。

拾遗【十四】

《同心录》云：兰蕙论以为，梅雨最佳，阵雨亦妙，其余时雨亦长新根。余惟[1]梅天、秋天倏阳倏雨[2]之日，簾不能遮，稍为搬避。然究属泥湿，易生铁锈斑[3]。冯虞臣[4]云：秋天多雨，最需搬避，若听其淋，未有不伤叶者。

　　按：拟许^[5]说，则梅雨虽佳，若淋足之后，亦须迁避，而倏阳倏雨，尤所当避矣。

注释

[1] 余惟　余：其余，另外；惟：特有。

[2] 倏阳倏雨　倏（shū）：突然、一忽儿。意即忽有阳光，忽变下雨，是江南夏秋时期所特有的气候特征。

[3] 铁锈斑　以铁锈黄褐色，喻兰叶上的褐斑病灶。

[4] 冯虞臣　晚清时期浙江长兴人，为当时名兰家，一生嗜兰，并不断有佳种选出，有的一直传承至今。

[5] 拟许　拟：根据、按照；许：清时浙江秀水名兰家许霜和先生。

今译

　　《兰蕙同心录》说：对于兰蕙而言，梅雨为最佳，阵雨也极妙，在其余时候所下的雨也能够帮助兰生长新根。唯有对于梅天和秋天那忽有太阳忽又下雨的天气，不能采取以遮盖芦簾的办法加以应付，对兰盆还是以稍作搬避为好。因为此时盆泥毕竟已经很湿，极易引起兰叶生黑斑病。

　　长兴兰家冯虞臣先生说：秋天往往多雨，特别需要重视搬动兰盆以避雨这一工作，如果任其淋雨，没有不伤叶的。

　　按：根据嘉兴兰家许霜和先生的说法，梅雨对兰的生长虽然特好，不过兰的盆泥如果已经被雨水所淋足之时，仍然应当搬迁避雨，特别是遇到忽儿日照又忽儿下雨的天气，对兰盆进行搬避，更是理所当然的事。

拾遗【十五】

《九峰阁刍言》：夏秋乃行根[1]之时，盆面必有裂缝，不可妄动[2]，须至秋分冬初，方可拨松填补。

闽兰[3]素心者，只可淋小雨，紫报岁兰[4]任淋无碍。秋冬季，一切兰蕙皆不宜淋雨。淋雨后，须盆面土干，始可[5]浇水。

兰客刘佐德云：除是秋暑[6]要多浇水，其余但视盆土干得发白[7]，即略浇水使其潮润，不必要透。

注释

[1] **行根** 行：生发；根：指新根。

[2] **妄动** 妄：胡乱地、轻率地；动：行动。

[3] **闽兰** 闽：福建之故称；闽兰：即建兰、四季兰。

[4] **紫报岁兰** 即紫茎、紫花的墨兰，此花因正值春节前开放故称报岁。

[5] **始可** 才可以。

[6] **秋暑** 即八九月间大热天时候。

[7] **盆土干得"发白"** 指兰盆中植料因水分不断蒸发，致使原来的泥土从深色变成浅色，俗称"发白"。

　　《九峰阁刍言》说：夏秋两季是兰蕙长新根的时候，盆土表面一定会出现裂缝，见到这种现象不可就胡乱动手，必待秋分或初冬的时候才可以动手拨松盆土，填补好裂隙。

　　对于建兰的素心品种，只可以淋沐小雨，只有对报岁兰（墨兰）的紫花品种才可任淋无妨。到了秋冬季里，所有兰蕙都不宜再淋雨。平时它们淋雨后，须等盆泥干了才可以浇水。

　　绍兴兰客刘佐德说：兰蕙除秋天干热之时要多浇些水，其他时候要等盆土表层泥干得颜色变浅了才浇些水，并且能使盆土潮润就行，是不必要浇透的。

拾遗【十六】

　　《兰蕙同心录》云："干兰湿菊"，未可尽信[1]。大祇春初宜潮润，不可经雨，春分后时雨，稍透不妨。花开后，可用笋壳水对冲河水，四面匀浇；入夏易干，清晨必须巡视[2]，稍有干意，即当围浇[3]；偶逢阵雨不畅[4]，亦须喷水极透，泄出暑气；秋风燥烈，更不可干，如八月中，俗称菱壳燥，从底燥上，若俟盆面干时，则花已受伤；最要注意冬入花房，固不宜湿[5]，然太干亦不可，总以略润为宜。

　　又云，凡开花落剪，不可着泥，须留二寸许，俟枯后再剪可也。

[1] **未可尽信**　未可：不可以；尽信：完全相信。

[2] **巡视**　仔细查看。

[3] **围浇**　沿着兰株四周围整盆匀浇。

[4] **阵雨不畅**　阵雨：突然间所下短时间的雨；不畅：雨水未能淋透。

[5] **固不宜湿**　固：本来；不宜：不适合；湿：水过多。

今译

　　《兰蕙同心录》说：对于"干兰湿菊"这一说法，不能完全相信。大致地说，在初春之时，兰花盆土含水量最好是潮润，但不能接受雨水；春分以后才可接受时雨，稍透也没有妨碍；花期过后，可用沤熟的笋壳水"对掺"清水，整盆匀浇；进入夏季以后气温升高，盆土容易干燥，每天大清早必须检视每个兰盆，如发现稍有干燥的迹象，应当立即浇水，左右前后四面将水浇透；兰花偶然遇小阵雨，盆土未能被浇透，此时也必须用喷壶喷水至极透，使盆泥所蓄热气随水从底部排出；秋季风干燥而烈，盆泥更不可干，且干燥情态反常，先由底部上燥，农历八月，正是江南红菱成熟时，此时天气，民间俗称"菱壳燥"，盆泥更不能干，如若待到看见盆面泥干燥时再浇水，可知盆中兰株已经干渴受伤；特别要注意冬季兰花御寒入房之后，盆泥固然不宜太湿，然而也不可太干，总是以略润为最好。

　　又说，但凡兰开花后需剪去之时，花梗剪口不可过低而粘带泥土，高度应留二寸左右，待干枯后再剪除为好。

拾遗【十七】

《养兰说》云：水不积，则土干不生虫而花叶盛，善养兰者，必爱叶之耸，不虑花开不茂。每筒三叶为瘦，决无花开；四叶为率中，五叶花必繁盛。每新叶第三年枯为率中，第二年枯为有病。

今译

《养兰说》说：盆中不积水，盆土就处于润而不湿的偏干状态，就不会发生病虫害，植株就会生长繁茂，进而花也会开得繁茂秀美。一位善于艺兰的人，定然懂得要重视叶株的健壮滋繁，就不愁花开不会盛美的道理。于春兰而言，一株只有三片叶的兰草是属瘦弱之草，肯定不可能有花可开；一株有四片叶的兰草，只能说是不瘦不壮的中档草；一株有五片叶以上的兰草，才能称为壮草，花开必定繁盛。新长之草，如果草龄是在三年后枯萎的，只能说是一般，如果草龄只两年就枯萎的，那么此草就是有病的草。

拾遗【十八】

《兰蕙小史·栽新要言》云：种新花宜雨天或暖天[1]，时在谷雨之后，浇水亦便。须用新盆，切不可用旧盆，取其易燥。泥宜用翻盆旧泥，若用新泥，花必不发。泥约齐蒲头[2]，不必似馒头形。种老花泥欲松[3]，种新花泥宜坚[4]。新种之花如无雨，浇水后藏房以避风日，遇微雨移出淋之，雨大仍归房。

待花杆高七八寸，再加泥寸许，此时根叶已服土，方可稍受风露，如狂风做冷，仍避入房。初发之花，性畏寒暑[5]，虽是新栽[6]，气力尤微[7]，若早受风露，必致萎叶败根，无可救药。

谷雨后二三日方断霜，新花始可出户受露[8]，受露后得和风[9]吹，花杆始硬[10]，绽花亦不至软落。每日酌量浇水，只须滋润，不可太湿伤根。日间遮簾，不可对照太阳[11]。喷筒眼要匀细，眼大则水力太猛，喷水宜谨慎，勿使水灌衣壳[12]之内，伤及花杆。

新花最忌手指拨弄、引人多看，因指爪有热毒，且呼吸之气迫花，皆可使其不发。

注释

[1] **暖天** 气温较暖和（和煦）的日子。

[2] **蒲头** 兰蕙的假鳞茎，又称芦头。

[3] **泥欲松** 指对老花上盆的要求，手撳泥土时，用力要稍轻，勿使过实，才能使植株之根得以舒展。

[4] **泥宜坚** 坚：稳固。指对新花上盆的要求，则泥土要撳得稍实，以免植株受风吹而发生摇摆。

[5] **性畏寒暑** 指新生发的兰株，抗性较脆弱，既怕冷又怕热。

[6] **新栽** 刚种不久。

[7] **气力尤微** 气力：生长势头；尤微：尤为微薄。形容兰花新苗，生长

尚不够健全。

[8] **出户受露**　出户：搬出屋外；受露：接受夜露滋润。

[9] **和风**　温暖的风。

[10] **花杆始硬**　始：变得；硬：挺拔。

[11] **对照太阳**　阳光直晒。

[12] **衣壳**　包裹花苞的鞘壳，也称包衣、苞壳。

今译

　　《兰蕙小史·栽新要言》说：新花上盆的工作最好选在雨天或较暖和的天气里做，尤以谷雨以后（一周里）为最佳。此时雨天较多，便于兰花上盆后可以直接接受小雨的滋润。但必须采用新盆栽种，勿用旧盆，这是取新盆容易干燥这一优点。上盆之泥，最好使用栽种过兰的旧泥，如果用新泥来栽，兰株定然会难以生发。盆土泥面，大约与假鳞茎等高，不必做成馒头形。老株上盆的泥土，以种得疏松为好，新株上盆的泥土，以种得稳固为佳。刚上盆的花如没遇下雨，待浇水后搬入房内，以避风和阳光，若上盆时正遇小雨，则可以搬出室外受雨，若小雨变大，则仍须搬入室内。

　　等花梗发育长高到6~7寸时，盆面再要加泥一寸左右，此时，根株已经服盆，可以稍受风露，若遇狂风作冷的天气时，盆株仍须入房移避。初发的新花生性尚脆弱，怕冷又怕热，又是新栽不久，长势尚不够健全，如果过早接受风露的洗礼，必然会萎叶败根，谁也无力挽救。

　　农历谷雨之后二三天刚刚断霜，气温渐高，花房里上盆的新花才可到户外接受露水、暖风，花梗也变得硬朗充实起来，所开之花就会神采飞扬。此时每天需酌量浇水，盆土只许滋润，不可太湿伤根。白天要遮盖芦簾，不能让太阳直晒。洒水筒喷头小孔要匀细，如孔眼过大，水力就会过猛，喷水时要小心操作，勿让水灌进花苞衣壳缝里而伤及花梗。

新花最为患忌的是人多看，因人在观看时常会动手拨弄，人的手指有热毒，且多人不断呼吸之气迫花，这些因素都会影响兰花未来的生发。

拾遗【十九】

凡叶现白斑者，过湿之故。如多淋雨，白处转黑。兰蕙过湿不通风，或突受寒气，致叶上起斑点，皆有病菌寄生其上，兹分述如下：

（一）褐锈病：因盆土过湿或突遭[1]寒气侵袭，往往发生鹧鸪斑，即淡褐或黄褐色之细斑点，病势渐进，叶乃[2]枯萎。此种病菌寄生叶片，须撒布铜皂液[3]，又以升汞水[4]千倍液洗叶，并注意水湿之排除，及空气之流通，而温度亦应调节。

铜皂液制法：以水一升，投入肥皂一两四钱，煮沸使之溶解，又以汤少许溶解硫酸铜（胆矾）三钱五分、加水九升，随将肥皂液注入硫酸铜液中，搅拌后即可使用。

又，发病之初即撒布碳酸铜碱液[5]，乃以碳酸铜三钱、水一斗[6]及强碱水四勺制成，先注强碱水于碳酸铜，使之溶解再加水。

（二）疮痂病：病菌寄生使叶片生小圆，形如钱之污点，湿气愈甚则病势愈重，宜撒布铜皂液或黄粉末，以防除之。

（三）褐腐病：病菌寄生初于叶片之一部，生肉桂色或淡焦茶色之斑点，循[7]之全叶，褪色病斑即变褐色或浓栗色，表面稍生皱褶，周缘较淡而凹陷，病斑如延至叶之下半部，则上部变为黄色，遂不免枯死。

此病发生于热带产之兰属，防除之法：以海绵或脱脂棉花浸升汞水千倍液洗叶，夏季注意通风及排湿。

注释

[1] **突遭**　突然受到。

[2] **乃**　于是、就。

[3] **铜皂液**　即波尔多液，是重要的杀菌剂，用硫酸铜和石灰乳制成。今人已用石灰水替代前人使用的肥皂液，用来制作该农药。配制方法根据不同比例可分等量式：硫酸铜与石灰各为1，加水100～200；半量式：硫酸铜1、石灰0.5，加水100~200；多量式：硫酸铜1、石灰3，加水100~200；倍量式：硫酸铜1、石灰2，加水100~200。配制方法是：取两容器（按1千克计算）甲桶装好的硫酸铜水800毫升，乙桶装石灰水200毫升。然后将硫酸铜溶液倒入石灰水桶里，注意边倒边搅。禁忌石灰水倒入硫酸铜溶液中。

[4] **升汞水**　用无机化合物氯化汞溶解的水，可用作杀虫剂和消毒剂，有剧毒。

[5] **碳酸铜碱液**　即碱式碳酸铜溶液，前人经稀释后用来给农作物治病。

[6] **一斗**　1升为2市斤，即1000毫升；一斗则为5000毫升。

[7] **循**　顺着，文中指蔓延的意思。

今译

　　兰蕙叶上呈现白色的斑点，是由于盆泥过湿所造成，如再让它多淋雨，叶上白色斑点即可变为黑块。兰蕙因盆泥过湿，通风不畅，或突然受寒气侵袭，使兰叶生起斑点，都是因病菌寄生在上面的缘故。现将病害分述于下：

　　（一）褐锈病。因为盆泥过湿，或兰株突然遭到寒气的侵袭，使兰叶上即刻生成如鹧鸪鸟羽上那样的淡褐色或黄褐色细斑点。随着病势渐进，即能造成兰叶枯萎。这种病菌寄生叶上，拟喷洒波尔多液（铜皂液），也可用1000倍升汞水稀释液洗叶，同时注意盆泥排湿，促使空气流通，并调节适宜温度。

　　铜皂液的具体制法：取水500毫升，投入肥皂40克，火上加热使之溶解。又取少量水溶解硫酸铜217.5克，再加水4500毫升，然后将肥皂水缓缓倒入硫酸铜溶液中，搅拌后即成。另有一法：在兰花发褐锈病之初即喷洒碳酸铜碱液。

　　此药做法是碳酸铜15克，水5000毫升加强碱水4匙（约10毫升）制成。把强碱水注入碳酸铜，溶解后再加水即可。

　　（二）疮痂病。病菌寄生叶上，使叶上生出如铜钱样圆形黄褐色斑点，盆泥愈湿，病势愈重，应喷洒波尔多液或硫黄粉末以防止扩散蔓延。

　　（三）褐腐病。起初病菌寄生在叶片某处，斑点状病灶呈肉桂色或淡焦茶色，进而叶上绿色全褪，病斑即变为褐色或浓板栗壳色，细察叶表面有褶皱，边缘色较淡且凹陷，病斑如扩大至叶的下半部时，则褐色变黄，进而枯萎。此病多发于热带所产的兰属品种，用海绵或脱脂药棉浸稀释成1000倍的升汞水洗叶，夏天则注意通风和排湿。

拾遗【二十】

方时轩[1]《树蕙编》云：蕙花探头[2]至排铃[3]，须廿日或半月，排铃至转柁，十日或六七日，转柁[4]至开花，三日或五日，初开至开齐[5]，五日或两日或一日。据此，则蕙花自探头至开齐，早则廿六七日，迟则四十日。

王长友[6]云：团莲即郑同荷，同荷乃市名，团莲为郑同梅所取者。

注释

[1] **方时轩**　我国清朝时江苏吴江人，一生嗜兰，特爱蕙兰，著有《树蕙编》兰花专著一卷。

[2] **探头**　蕙花蕊头刚从大包壳中出来。

[3] **排铃**　蕙花花莛发育长高，蕊头已全部冲出大衣壳而紧贴花梗之状，又称小排铃。

[4] **转柁**　蕙花短柄离秆伸向左右前后，蕊头被向上托举之状。

[5] **开齐**　蕙花整梗各蕊头全部放花的时刻。

[6] **王长友**　为当时绍兴漓渚贾山头村一位较有名的兰客。

今译

方时轩的《树蕙编》说：蕙花探头至排铃，需时15～20天。由小排铃至转柁，需时6～7天或10天。由转柁至开花，需时3～5天。由初开至开齐，需时1～2天或5天。

据此之说，蕙兰开花从探头到开齐的时间，如果开早，需26～27天。如果开迟，则需要40天。

绍兴漓渚的兰客王长友说："名称为'团莲'的春兰品种，就是兰市买卖人俗称的'郑同和'。'团莲'这一名称是郑同梅亲自所取的正名。"

拾遗【二十一】

《艺兰新法》[1]云：古法壮水，用羊鹿粪、血腥水涪[2]汤太秽[3]，秽则霉根；蚕沙、豆饼、豆壳汁水太热，亦恐伤根；皮角屑、草汁水太腻，亦属不佳；惟鸡鸭毛水浸烂，则可矣。

今上海有一味"清养"者，即欲[4]浇壮水，以燕窝屑拌牛骨粉稍杂鸡毛，用天泉水，合浸一年为度，能陈年更妙，用大瓮如法浸之，夏秋晒露、冬日霜冰，但不能淋雨，遇雨即盖，须使其烂[5]，不令其霉[6]。用时审花之老嫩，本[7]之多寡，相体[8]取用施之。上品名花及新栽柔弱之草，无不如意[9]，正极妙新法也。

据《同心录》，则许霁楼下肥乃用笋壳水云：浇后须避阳光五六日，视盆面，风爽时方能受日。

《艺兰新法》云：凡兰蕙之素心者，无论好歹，皆不喜肥，肥则无花，若浇壮水，则兰必渐萎去。

[1] 《艺兰新法》 此书为手抄本，现由北京大学图书馆所藏，作者不详。

[2] 涪（fú） 浸泡的意思。

[3] 秽（huì） 肮脏。

[4] 即欲 即使想要。

[5] 烂 指有机物浸在水中渐渐被发酵分解的过程，俗称湿霉。

[6] 霉 指有机物装入瓮中不加水而慢慢发酵的过程，俗称干霉。

[7] 本 株，量词。古称所谓一本，即今称一株、一棵。

[8] 相体 相：看、视；体：体察。指观察兰花生长的具体情况。

[9] 如意 舒适、满足。

今译

《艺兰新法》说：古人制作兰肥，采用羊粪、鹿粪或它们的血浸泡的水，用这样的肥料浇兰，未免过于脏污，必致烂根。用蚕沙、豆饼、豆壳汁水作肥料浇兰，又觉肥性太热，恐怕也容易伤及兰根。用猪羊皮碎料浸泡的水或青草汁作兰肥又感太腻，也不是太好。用鸡鸭羽毛加水沤熟后用作兰肥才为最佳。

现今，上海有不用任何肥料，一味"清养"的艺兰人，即使想用点肥料的话，采用的是燕窝碎末拌牛骨粉，再稍加鸡毛后一起装入甓里，然后加"天落水"，以合浸一年为度，如若能够再陈年，当为更佳。如果能使用大瓮，并采取上述同样物质和方法加水浸泡，夏秋时打开盖子任其日晒露浸，冬日里任由霜打冰冻，只是不能淋雨，如遇下雨，即将盖子盖上，只须让它烂，不许让它霉。

施用时，要根据兰草的老嫩程度和植株数量的多少，并体察兰花生长的实际情况而取用，上等的兰花名品及新栽的柔弱兰草，没有生长得不是舒舒服服的，这真正称得上是极妙的用肥新法了！

　　据《兰蕙同心录》介绍，许霈和是采用笋壳水作兰肥。又说施肥后必须避晒阳光五六天，看盆面泥略干了，才可把兰盆放置在和风畅通的地方接受日光。

　　《艺兰新法》说：凡是兰蕙素心品种，不论它花品的优劣，都是不喜肥料，并且也不易起花。如果浇了肥料，植株必定会渐渐地枯萎。

　　以上凡十九章节，皆论越兰。

第二十章·建兰

古越向产兰，兰渚[1]兰亭[2]流传已久。宋后建兰盛行，骚人、逸士恒爱[3]，惜郑重不置[4]，而古越名种转衰。明·王世贞[5]《续兰谱序》起句云："闽多兰，赵时庚、王贵学氏皆闽人，故先后能谱兰"云云（剑知[6]按：王赵皆宋人，赵时庚[7]著《金漳兰谱》，王贵学[8]着《王氏兰谱》），则当时重建兰，可知所以。《群芳谱》所载养兰诸法，亦多指建兰而言，与近时兰蕙，大不合宜也）。今时下又盛衰易位矣！然"秋风习习[9]，绀碧吹香[10]，和露纫为湘水佩[11]；临风如到蕊珠宫[12]"（明·文徵明[13]咏建兰诗）。品物征诗，别饶风趣。

兹将各种之名录后：

注释

[1] **兰渚** 即兰渚山，在绍兴城南郊，传说是越王句践种兰的地方。

[2] **兰亭** 在绍兴城南郊，是晋朝大书法家王羲之曾发起书友来这里参加"曲水流觞"修禊的活动之地，该地有王羲之一笔写就的鹅字石碑及一

泓绿水闻名的鹅池等亭台建筑。

[3] **恒爱** 一心深爱。

[4] **惜郑重不置** 惜：爱惜；郑重：频繁；不置：不停。

[5] **王世贞** 王世贞（1526—1590），字元美，号凤洲，又号弇州山人，南直隶府太仓人，明代文学家、史学家，嘉靖二十六年（1547）进士，累官至南京刑部尚书。

[6] **剑知** 即沈剑知，字检翁，后又字茧翁，近代上海有名的一位文人，书画收藏家、鉴定家，新中国成立初期曾任上海市博物馆副馆长，是他根据郑同梅的《莳兰实验》原稿，曾亲手全文抄录。此后郑氏原稿经多次易手，早就不知去向，于是该抄本成为兰花经典《莳兰实验》尚能得以传后之唯一。

[7] **赵时庚** 号澹斋，宋朝福建人，自称爱兰成癖，是兰花经典《金漳兰谱》的作者，成书于1233年。

[8] **王贵学** 字进叔，宋朝福建临江人，著有《建兰谱》，即《王氏兰谱》，于1247年成书。

[9] **秋风习习** 形容秋风轻轻地吹。

[10] **绀碧吹香** 绀：深青透红的颜色；碧：碧绿色。描写秋风从建兰碧绿色的兰丛中送来深青泛红色花的馨香。

[11] **和露纫为湘水佩** 和露：喻和睦同心的人；纫：缝缀、连缀；为：动词，做、成为；湘水：借代爱国诗人屈原；佩：作为饰物佩挂。

[12] **凌风如到蕊珠宫** 凌风：升临高高的空中；蕊珠宫：为神仙所居之地。

[13] **文徵明** 明**朝**书画家，号衡山居士，江苏吴县（长洲）人。

今译

浙东一带，史称古瓯越地，一向盛产兰蕙，兰渚山和兰亭等有关史实在历史上更是久负盛名。但自宋朝以后，建兰盛行，它受到诗人、隐士及一切文化人的一心深爱，爱惜不止，而越地所产的兰蕙名种反而渐渐衰落，明代人王世贞所撰《续兰谱》序的开头第一句话说："闽多兰，赵时庚、王贵学皆闽人，所以他们先后能写出兰谱等等的话"（剑知按：王、赵二人都是宋人，赵时庚著《金漳兰谱》，王贵学著《王氏兰谱》）。从这些事实可知当时的人非常看重建兰。所以明朝人王象晋撰的《群芳谱》中所写的"养兰诸法"也多指建兰，和近时人们所莳养的兰蕙大有不同。当今，人们的养兰时尚似乎又有了变化，建兰重新又兴盛起来！不由令人想起明朝时文徵明那首《咏建兰》的诗：秋风轻轻地抚摸着深青带红的建兰花朵和碧绿苍翠的叶子，不断送来可人的兰花馨香。朝露下和睦同心的兄弟，采来兰花纫为饰物，给湘水的美人佩挂。清凉的秋风轻吹，让人特别的舒爽，就像飞到仙界进得仙人所居的宫殿里。文徵明品建兰又赋诗，特别富有情趣。

今将建兰各种之名录于后：

（一）**金丝木耳**　　其草叶每管中必间一狭叶者，是真。开花十七朵，心一点红，最香。今已稀少。

（二）**玉珍**　　亦有二种，叶阔而软长者，佳。又有叶短而硬者，次之。

青梗　　红筋甚重，不佳。

大叶白　　出兰溪者叶长易养，惜花多不佳

（按：自金丝木耳至大叶白，皆非建产。金丝木耳或作马耳，据马楗《楚兰说》：则江西产也。以下凤尾素恐亦非建兰，盖建素皆以地名之也。冒辟疆[1]《兰言小录》云：蜀[2]之石门山，在庆符县南，有凤尾兰、

竹兰、石兰、玉梗兰）

（三）龙岩素　叶阔长垂软，花开九朵至十三朵，捧舌均佳，梗细长文秀，目今实少，皆以汀州[3]出者代之，取形相若，价亦昂贵。

（四）高州素　叶阔长略硬，花九朵，多至十一朵，虽花瓣稍阔，朵大不文（按：闽人多种高州、永福、古田诸素，高州尤徧[4]）。

（五）永福素　叶阔而极短，不易起花。

（六）凤尾素　叶阔而硬，花大梗粗，祗开九朵至十朵。

（七）永安素　叶狭而糯，花祗七八朵。

注释

[1] 冒辟疆　冒襄，字辟疆，号巢民，一号朴庵，南直隶如皋人（江苏南通如皋），明末清初文学家。
[2] 蜀　我国四川省之古称。
[3] 汀州　为福建省长汀县之古称。
[4] 徧　数量很多。

今译

（一）金丝木耳　每株草中间必定夹有一片细狭叶，这才是正品的特

第二十章·建兰

一一七

征。一莛开花17朵，舌上有一红点，香气最浓，今天已稀少了。

大叶白　出兰溪的品种叶长，容易蒔养，可惜花品多为不佳。

（按：'金丝木耳'和'大叶白'，都不是建兰，'金丝木耳'又名'马耳'。根据马梾的《楚兰说》介绍，它们都是江西所产。下面的凤尾素恐怕也不是建兰，因福建所产的素兰品种，历来都是以产地而命名。冒辟疆《兰言小录》说，四川石门山在庆符县南，有凤尾兰、竹兰、石兰、玉梗兰）。

（二）玉珍　有两个品种，一为叶阔且长而软的，为佳品；二为叶短而硬的，较次之。

青梗　红筋相当多，花品不佳。

（三）龙岩素　叶形长阔而软垂，每莛开花9～13朵，捧和舌形态均佳，花梗细长，文气秀丽，如今数量实已极少，都是以汀州素作替代品，因形状相似，价格也很昂贵。

（四）高州素　叶形长阔，叶质略显硬，每梗有花9～11朵，花的外三瓣较阔，花形大，但瓣形不够文秀。

（按：福建人多喜欢栽培高州素、永福素及古田的几个素心品种，尤以高州素更为普遍）。

（五）永福素　叶形宽阔而极短，可惜不太容易起花。

（六）凤尾素　叶形宽阔而叶质硬，大花粗梗，每梗开花9～10朵。

（七）永安素　叶形狭、叶质细糯，每梗有花7～8朵。

培植诸法附载于后。

【第一节】春季所壅[1]肥料

黄豆微炒，研末拌泥，或以生花生肉打烂和泥，用于盆边，此法固佳。有用黄豆浸汁、牡蛎浸汁及宿粪汁者，未必尽善。有以头发剪细，或剃头短发拌泥，大盆一两，小盆五钱，曾试未效。

又法：将鲜蚌肉用洗帚柄[2]略打，外拌河泥，随即壅堆盆面。在晴和风爽之日，蚌肉易干，臭气易散，少用不致猛蒸，差为得法[3]。如天时暖热，易着蝇蚁等物，亦最不宜。今得良法：鸦片土之渣[4]（俗名笼头渣），用于盆底，或将土渣晒干、打细，拌泥铺盆面，既可避蚁，又得壮气，余试甚佳。因鸦片土渣逢潮则膏质出而能肥，又取其性缓而力长。也有云：螺丝打碎浸汁，余未曾试。

注释

[1] 壅　把土或肥料，培盖在植株的根部。
[2] 洗帚柄　江南人家的厨房清洁用具。用细竹丝围一短木或短竹作柄，再用竹篾牢牢扎成一把，俗称"洗帚"，可用来洗锅刷桶等。文中说是用其柄代作槌把蚌肉打烂。
[3] 差为　指所想办法并不好，只能获得少而微的效果。
[4] 鸦片土之渣　指以鸦片膏被吸过后所留下的灰末（这是旧社会富人的行为。有机肥很多种，为啥非得用此物作兰肥不可？断不可触碰此物）。

今译

黄豆在锅中稍微炒后研成细末，与泥同拌，或用花生肉打碎成末，然后拌泥，可将它们撒于盆边，这方法很有效。

将黄豆、河蚌肉或陈年粪便，各自都可以放在瓮里加上水沤制成黄豆汁、羹肉汁、宿粪汁，后再行稀释后用作兰肥，但此法收效不够完好。

将头发剪细碎，或取理发店的短发拌泥后用于兰盆面，大盆约放一两，小盆约放五钱。我曾照这方法做过，没看到有什么效果。

还有一个方法是取新鲜蚌肉用洗帚柄约略打过以后，再拌上河泥，随即就壅在盆面上。如遇风和日暖的天气，河蚌肉容易干，臭气也容易散发，以放得少些不让严重发热腐烂，此法如作评估，效果甚微。如果天气暖热，容易引来苍蝇蚂蚁等昆虫孳生，不宜采用了。

现在我得到一个好办法，就是把鸦片渣（俗称笼头渣）放在盆的底层处，或把这烟渣晒干研细，拌泥后铺到盆面上。这样既可避蚂蚁的侵害又可使兰获得充足的肥力。我试过，效果相当好，原因是鸦片土渣遇潮，膏质就会流出，肥性能缓而长效，慢慢地被兰根所吸收。也有人介绍把螺丝打碎加水浸汁作肥料，我没有试过。

【第二节】花时盆泥宜燥

起蕊之时，盆泥带燥，则花陆续开放，气候[1]久长。否则花放一斋[2]，不能久挹其香[3]。

注释

[1] 气候　喻花开的时间。

[2] 花放一斋　斋：向僧道徒施舍饭食。王溥《五代会要·忌》："行香之后，斋僧一百人。"喻花开数量之多，负担之重如斋僧一般。

[3] 久挹其香　挹（yì）：扶持。意为持香久长。

兰花孕蕾以后，盆泥若能保持偏干，则花次第开放后时间能保持较久，否则放花如施舍一次斋饭，僧人众多，不胜负担，总不能支持它们长久地放香。

【第三节】冬藏宜泥干

福建天气，四时和暖，可不收藏于室；江浙间，至冬严寒，必须收藏防冻。大抵九秋时先干盆泥，十月间可置檐轩[1]，再寒冷即藏室中。盆泥要干，切勿浇水（如泥湿，易蒸，春必萎叶，甚至叶[2]尽倒者，干则无害）。至春出房，视天气不冰即移轩下，不可受蒸。故不冰冻时，总以迎受风爽[3]为主。

注释

[1] 檐轩　屋檐下有栏杆的长廊。
[2] 叶　兰株。
[3] 风爽　形容莳兰的环境空气流通。

今译

福建地处我国南方，一年四季气候温暖，兰花可以露天越冬，不需入室收藏。但在江浙沪一带，到了冬天必然严寒，必须将兰收藏防冻。

大致到农历九月，需减少盆泥浇水量，十月里气温下降，盆花可移放在屋檐底下的廊子里，如再继续降温，应把盆兰搬藏室内，盆泥须干，不可浇水（如盆泥湿，兰花最易受蒸闷，春来必会有萎败之叶，甚至整盆全枯，盆泥干的就不会有害）。春时，兰花出房还需看天气而定，如天气没有冰冻，兰即可移放在有窗的廊子下，同时注意不使兰受到蒸闷。总而言之，如天气没有冰冻，兰花以置放在通风的环境为当。

【第四节】盆满宜分栽

盆满须分，或更易[1]大盆，必先备泥，以轻松滤水[2]为宜。大抵四年一换盆或分，盆宜击碎，庶[3]免伤根，如根密，略露泥面亦无妨。

注释

[1] **更易** 改换。
[2] **轻松滤水** 能畅通排水。
[3] **庶** 可以。

今译

兰花生发成满满一盆的时候，苗株过多，不利生长，必须分栽成数盆或更换一个大盆来种。先要备好泥土，以能轻松透水为合适，建兰大致以四年换盆或分栽为好。翻盆时，所植旧盆最好是把它打破，这样可免脱盆时伤根的后患，如果根密集又多，会有稍露在盆面上的，对于它们未来的生长，也不会有什么妨碍。

【第五节】雾时宜遮盖

许霁丈[1]前辈曰：凡逢雾天，即宜遮盖，则欲花高擢[2]叶上，须循此法，特录待试。建兰无不高擢叶上者，与避雾无关。

按：种建兰以橄榄土为最妙，乃橄榄树之腐根，挖积一处，雨淋日炙，久而生虫，群鸡就食，爬梳搜剔[3]，虫尽，而所遗之鸡粪亦多，更经淋炙[4]，与朽屑掺合，凝为焦土。故质肥而松，绝不粘结，以之种兰，不用施肥，又甚利水，且其重量不及常土十之三四，尤便于搬移也。建兰须根浮盆面，方易起花，盖愈通风气，不致蒸郁耳。分盆不如换盆，换盆但削去四周之土，剪除败根，略添新土为妙。惟有虫，则当换土矣。

注释

[1] 许霁丈　即许霁楼，出于礼貌，幼辈应避直呼长辈的名字，以示对长辈的敬重。

[2] 擢（zhuó）　提升，指花秆高出叶面，即俗称"大出架"。

[3] 爬梳搜剔　爬：即扒；梳：梳理；搜：寻找；剔：挑选。描述鸡用爪子在垃圾中不断地抓扒、寻找食物状。

[4] 炙　烤。

今译

许霁楼大人（前辈）说：兰花凡是遇到雾天，应该立即遮盖，若想让兰花梗高，开得高出叶面，挺拔有神，就必须按照他所说的办法去做。为此特地记写在这里，拟试验、体察兰花秆长得高与低，似乎与雾没有关系。（而且相反，兰若能接受秋雾，更利于壮株、孕苞。——译者注）

按：栽培建兰以采用橄榄土为最妙。把挖来的橄榄树腐烂根堆积在一起，不断经雨淋日晒，时间长久了，自然会孳生虫子，由此会引来群鸡的抓扒和争相觅食，直至虫子吃尽，从中留下许多鸡粪。再进一步经多时的日晒雨淋之后，鸡粪与朽木屑互相掺混一起，既肥沃又疏松。用这种混合土栽兰，可以不施任何肥料，且质轻沥水，重量不及普通泥土的十分之三四，尤其方便搬移。

栽培建兰，必须有意使部分兰根露在盆面上，这样种，才容易起花，原因是这样种能更加通风，不会造成根部蒸闷之病。所以分株翻盆，不如以换整盆为好，换盆时只需削去四周之土，并剪除腐败之根，再约略添上些新泥就好了，手续要简便不少。要是老盆泥中有虫子孳生，那就必须全部换成新泥，重新进行栽植。

【第六节】拾遗

（一）按：王赵兰谱[1]中所列兰名，今皆无可指证，唯‘弱脚’即俗所称‘独占春’，以建兰之一干一花者独此而已。‘鱼魫’是否‘龙岩素’？尚难肯定，但知其必产龙岩一带耳。

（二）福州气候，素心兰发新叶在春季，报岁兰则在夏季，素心兰花期为五月至八月，报岁兰则入冬抽箭^[2]，腊底舒蕊^[3]，盛开于元宵前后。

每年主要加肥之期，在发新叶之初与抽蕊之前。

（三）素心兰开于秋季，故谓之秋兰，以'龙岩素'为最，亦有荤心者，色香皆逊^[4]。

报岁兰开于春初，叶阔花紫，素心者极罕见。

注释

[1] **王赵兰谱**　指宋时闽人王贵学的《建兰谱》和赵时庚的《金漳兰谱》。

[2] **入冬抽箭**　时间进入冬季，正是报岁兰开始长出花莛的时候。

[3] **腊底舒蕊**　腊底：即农历十二月底；舒蕊：放花之际。

[4] **色香皆逊**　皆：全都；逊：比不上。花色与香味跟最佳者比较，都要显得不足。

今译

（一）按：宋朝闽人王贵学的《建兰谱》和赵时庚的《金漳兰谱》里作介绍的那些建兰名品，今天都已无法认知了，只有一个称名'弱脚'即俗称'独占春'的品种，人们还能说得清它是一秆一花的建兰。至于'鱼魫'是否就是'龙岩素'？还是难作肯定，但是可以肯定的是它产于龙岩一带。

（二）在福州的气候条件下，素心建兰发新叶在农历春季，建兰报岁兰则跟随其后，要到夏季发新叶。素心兰的花期在农历五至八月，报岁兰花期则入冬时抽发花莛，年底可舒蕾盛开到来年元宵节前后。

建兰每年施肥的时间：一个是在发新叶之初，另一个则是在花苞发育之前。

（三）素心建兰开花在秋季，所以它又称秋兰，以'龙岩素'为最佳品种。也有其他荤（hùn）（彩心）的，但它们的花色与香味都要稍逊。

建兰中的报岁兰开于新年初春，所以称作春兰，它的叶宽阔而大，花紫色，要找它的素心品种极难，可谓稀罕。

（四）吾耳[1]农苏云：建兰之春花者，宜干种，秋花者宜湿种。干种之法，以破溺壶片，铺盆底孔上，使其透气兼避蚓蚁，亦起肥素作用，上铺牡蛎壳或加木炭小块一层，上洒细土，撼盆，使其土填满空隙，将兰平放其上，一手提兰，一手掬土[2]徐洒之，随洒随按摇盆，俾[3]土填实根隙，万勿用指按捺。种后淋水，置透风不见日之处，半月再置户外，如有毛雨洒过，即可外置，不必待半个月矣。所谓湿种者，乃以土和水成浆糊状，俟架好蛎壳（勿洒土），即以泥浆倾入一层，然后置兰其上，徐徐倾注泥糊至盆满为止。移盆之阴处，使过剩之水由盆底渗出，须候盆泥大干后，始可浇水，并加一些土填补其凹陷不足之处。盖春天忌湿，故济之以干；秋天若燥，故益之以湿也。

报岁（春兰）春间已着花，则土不宜太干，以小壶沿盆壁徐徐注水沾润而已。

注释

[1] 耳　听说、耳闻。

[2] 掬土　捧泥。

[3] 俾（bǐ）　使。

今译

（四）我曾听一位苏姓的兰农说：在春天开花的建兰，以"干种"为好；秋天开花的建兰，以"湿种"为好。"干种法"：用破尿壶片，铺盖花盆底孔，使能透气并可避蚯蚓和蚂蚁进入，也可有一定的肥效，上面再铺搭起河蚌壳或铺小块木炭一层，再撒上一层细土，并轻轻摇动盆子使土填满空隙，接着把兰株放入盆内，一手提扶兰株，一手捧兰泥徐徐撒进盆内，使泥土与兰根能密切贴合，但千万不要用手指去按捺。然后用洒水壶淋洒盆泥，浇透这次"定根水"，最后把它摆放在通风而不见阳光的地方，待半个月后才可以把它放到户外。如果上好盆后正遇毛毛细雨天气，则可以将它外放淋雨，不必待半个月了。

所谓的"湿种法"：把兰泥加水，搅成泥浆备用，接着用河蚌壳搭盖好盆底排水层（不要洒干土），接着可向盆内倒进一层泥浆，并放好兰株，然后再徐徐倒入泥浆，直到盆满为止，最后把兰盆摆放到阴处，任让多余的水从盆底排出。此后，必须等到泥土大干，才可再次浇水，盆土干后会有一些裂缝或凹陷不平的地方，可用干土填补使致平。

因春天盆泥忌湿，所以要用干来加以救济；秋天盆泥如果干燥，就用湿来使之受益。报岁兰（春开之闽兰）春时已有花，所以盆土不可太干，用小壶装水沿盆边徐徐浇入，只要使其润就行了。

（五）四月后，盆土保持半干半湿，秋间初耸新叶，无妨少干。放北窗下，以避秋阳曝晒。新叶既壮，秋燥方盛[1]，以鱼腥水或茶清[2]浇之。十月至次年，非太干不浇。

素心（秋兰），春雨非干透，不浇，每日须晒一二小时，春末夏初略润，勿全干。

大小暑多风少细雨，宁浇水，莫淋雨。

白露前后，浇透一次，必须大干，始可再湿[3]。秋分已抽发芽，不宜多浇，未苗花，仍可浇透一次。冬令入房之前，须干盆，并除虱[4]。

翌年[5]谷雨后，遇雨即出户，淋透按置庭中。时近小满，必当遮簾矣。

又云：素心缺水，多晒易焦死，报岁稍贱[6]，能三四年一换土，可以逐年有花。惟分盆之第一年，有时不抽花箭，第三年最盛，若分栽时剪剔腐根，则次年必无花，盖土尚未能紧抱新根耳。

🌸注释

[1] **秋燥方盛** 秋燥：秋天的天气干燥；方：正处在；盛：强盛，旺盛。
[2] **茶清** 茶叶泡出的溶液，即茶汤。
[3] **始可再湿** 始可：才可以；再湿：重新让盆泥由干状成为湿状。

[4] **虱** 兰虱，即介壳虫。

[5] **翌年** 次年，第二年。

[6] **稍贱** 抗性较强，较容易栽培管理。

🌸今译

（五）农历四月过后，要让盆土保持半干半湿状态。秋季里，建兰新株基本长成，盆土稍干无妨，可以把新株放置在朝北的窗子下，以避开秋阳暴晒娇嫩的新株，当新株长成为壮草之时，正是秋燥处于强盛的时候，可用鱼腥水或茶汤来浇兰。从十月到第二年，盆泥如不是太干，就不需要再浇水。

素心秋兰遇春雨之时，盆泥如不干透，就不要去淋春雨。每天还须晒太阳1~2小时。到了春末夏初的时候，盆土要做到略润，不可全干。

小暑、大暑之时，常是多风少细雨的时候，此时盆泥如缺水，宁可采用人工浇灌，切不可让兰花去淋雨。

白露前后，盆泥如已浇透过水，就必须要等到大干后才可以再浇湿。

秋分时，建兰已经抽发新芽，不宜多浇水。但对于长势不够茁壮的草，仍可再浇透一次水。冬季，兰花入房之前必须使盆土偏干，并去除介壳虫。

第二年春天，谷雨之后，如遇有雨，兰花可立即出房淋透雨，然后可将它们安放在庭园中。时近小满的时候，阳光力度变强，气温逐渐升高，此时建兰该遮芦簾了。

又说：素心（建兰）如果缺水，或多晒太阳，植株容易焦黑而死；报岁兰抗性较强，即使三四年换一次土，也能够年年开花。只有在分盆后第一年，有时会不起花，但第三年往往是最为兴盛。如果植株分栽时剪去残根腐根，第二年就一定不再起花，原因是上盆以后新根与泥存有空隙，未能紧密结合，造成兰根得不到充足的养水分供应。

《莳兰实验》手稿抄录者纪要

　　《莳兰实验》原稿本，为吾友杨怀白[1]所藏。向闻湖州双林镇，郑同梅善艺兰，多罗[2]名种，大富贵荷瓣即出其家，故又称郑同荷。今同荷之名日著，而艺兰之家[3]或不知有郑同梅者，可慨也[4]！

　　郑氏既卒十余年，余始得读其书，所载"清养""防病"各则（章），诚能抉微索隐[5]，发前人所未言。即观其字体端谨，亦可想见其人，必非近世兰侩[6]者流。所敢望项背[7]，宜杨君以不及见之为恨也。余与杨君皆无力梓其稿，因假归录[8]付藏之。

　　杨君云：顾翔霄[9]家素蕙名种"大魁素"，传闻已绝后，晤丁少兰[10]则知犹在，郑氏秘不示人耳。丁丑中日战事[11]勃发，未几，湖州沦陷，诸家名兰悉遭寇掠，'大魁素'遂不可问，殆[12]已真归阆苑[13]矣。

　　余家有素心报岁建兰，名曰'玉蕊'。建兰开于秋者，以龙岩素为最；开于春者，俗名报岁兰。以腊底已舒蕊也，常种皆深紫色，江南谓之"墨兰"，若纯素者，极珍罕，闽中惟吴氏有之，吴豪于赀[14]，有以重价易者，皆不许。去岁，吴詅痴[15]以三丛草一花，远自闽中寄赠，易余一画[16]，今已有五丛草矣。

　　'明艳香馥'与'大魁素'驾未知孰先[17]，不恨吾不见大魁素，独惜郑氏未见吾'玉蕊'也。

　　乙未仲春[18]，检翁[19]识于沪渎[20]，残李书屋[21]。

[1] 杨怀白　本书原作者之好友，祖居上海，文化人，京剧票友，收藏古字画，嗜兰，为当时上海《晶报》固定撰稿人。

[2] 罗　搜集。

[3] 艺兰之家　喜爱兰花并栽培兰花的人家。

[4] 可慨　令人慨叹。

[5] 抉微索隐　抉：挑选；微：细小；索：收寻；隐：潜伏、隐藏。

[6] 兰侩　以拉拢买卖兰花，从中取利的人。

[7] 敢望项背　即项背相望。《后汉书·左雄传》："监司项背相望，与同疾疢（chèn）"。本文中指邀朋友相见的愿望因没有实现而成了心病。

[8] 因假归录　因：根据；假：借用；归：归纳；录：抄写。

[9] 顾翔霄　江苏苏州人，晚清时江南著名的兰家，嗜兰成痴，当遇好品种时，总是不惜金银设法求得。

[10] 丁少兰　晚清时浙江湖州的著名兰家丁少兰，曾当过两淮盐行史。十分嗜兰，曾不惜金银，多次派人到浙江余姚去买兰。

[11] 丁丑中日战事　干支纪年丁丑为民国二十六年，即公元1937年日本侵华战争。

[12] 遂不可问，殆　遂：就；不可：没有办法；问：调查；殆（dài）：大概。

[13] 真归阆苑　阆（láng）苑：传说中神仙的居地。文中言兰花大魁素已经"仙去"（枯萎绝种）了。

[14] 豪于赀　豪：豪富；赀：同资。指有钱有势。

[15] 聆痴　即聆痴（língchī）符。原意为古代形容没有真才实学却又喜欢卖弄才学的人。北齐颜之推《颜氏家训·文章》："吾见世人至无才思，自谓清华，流布丑才出，亦以众矣，江南号为'聆痴符'。"清朝王念孙《广雅疏证·卷三上·释诂》：聆，卖（叫卖于市）也。本文褒称一位对兰深度迷恋得如痴如醉的福建吴姓兰人。

[16] 一画　兰花花梗的量词，亦称一莛或一秆。

[17] 驾未知孰先　驾：驾驶、奔走；未知：不知道；孰：哪里；先：不在人间。

[18] 乙未仲春　即1955年农历二月，仲为春季的第二个月。

[19] 检（或为桧字）翁　原名沈剑知，字觐安、号检（桧）翁，晚号茧翁，祖籍福建，客居上海，系当时上海的一位文化人，书画鉴赏家和收藏家，嗜兰。因当时政治气候等因素晚年多病。是他抄录了《莳兰实验》的原稿。因原稿用行书抄录，字有连笔，难以正确区别"桧"字或"检"字，但依沈氏自称后号茧翁为据，鉴于"检、茧"二字为同韵谐音考虑，可能为检翁，谨在注释中存疑。

[20] 沪渎　渎：指上海黄浦江畔，泛指上海。

[21] 残李书屋　是沈剑知即检（桧）翁的书房名，老人晚年因足有疾，自嘲是八仙之一的跛脚铁拐李。

今译

　　郑同梅先生的《蒔兰实验》手稿本，为我的友人杨怀白先生所收藏。曾听说浙江湖州双林古镇的郑同梅先生艺兰水平极高，多有名种收集蒔养，春兰荷瓣'大富贵'就是由他所选育，所以此品种又名'郑同荷'。现今，这名叫'同荷'之兰已日益闻名，但人们却不知道艺兰人里有个郑同梅的人，这实在令人慨叹不已！

　　在郑先生去世了十多年以后，我才能读到他的《蒔兰实验》一书，书中所述"清养""防病"等各章节，都能揭开兰花方面别人不注意或不懂得的细微之处，能说出艺兰前辈们所未能说出过的那些道理。只要看到他手稿上那端庄谨严的字迹，就可知他绝对不是个借兰花谋利的低俗之流。杨先生曾提出能与郑先生会面的冒昧请求，却因未能赶上这样的机会而遗憾万分。

　　现今我和杨先生都没有能力将《蒔兰实验》这一书稿送去印刷厂付梓出版，因此由我按照原稿内容和格式，抄录下来作为副本予以保存。杨先生说：顾翔霄先生蒔养在家的素蕙名种'大魁素'，听说已经绝种。但与少兰先生会晤后才知这'大魁素'在郑家尚存，由郑同梅先生秘密种着，不肯让人看见罢了。丁丑年（1937）时，日本出兵大规模入侵中国，抗日战争由此爆发。不久湖州沦陷，各家所蒔名兰全部被侵略者掠夺一空，从此名兰'大魁素'再也无法追踪其下落，也许它真的已经"仙"去了！

　　我家栽有开于春节时名叫'玉蕊'的素心建兰，按常规而言，建兰应是秋天开花，以'龙岩素'最为典型。花开于春节之时的，俗称为报岁兰，它在十二月底已可舒蕊放花，花色通常都为深紫色，江南人称为墨兰，如果是纯素心的，那就是极为珍稀的品种了，在福建一带，唯吴姓一家才有。吴家本有万贯家财，所以有人开口想以大价钱引种时，却都一概遭到拒绝。去年，"吴兰痴"以三株此草带一莛花，远从福建寄赠给我纯素墨兰品种，要求交换我的一幅画。今天这草已生发到五株了，而'明艳香馥'和'大魁素'两个珍稀名种不知今去何方？也许已真的不在人间了！不过，我不以见不到'大魁素'而感到遗憾，唯感惋惜的是郑先生没能见到我的'玉蕊'。

　　乙未年（1955）仲春（二月）检翁写于上海浦江畔残李书屋。

《莳兰实验》特色点评

莫磊　撰文

"你要知道梨子的滋味，你就得变革梨子，亲口吃一吃。"毛主席这句话，几乎人人皆知。他告诉我们，一切生产工作或科研成果的取得，都有个不断反复做一做的过程，强调了实践出真知的哲理。

时光回溯到清末至民国初期，浙江归安（今湖州市）双林古镇上有家大户，主人名叫郑同梅，在地方上是位很有名望的读书人。在当时丝绸之乡的归安，多有养兰大户，兰家们互比清高体面，郑同梅也自然地融进这个群体里。约在郑同梅30岁那年，他深深地迷上了兰花，不惜花大本钱从嘉兴名兰家许霭和及绍兴、余姚、杭州等地的兰家或兰客那里搜集来诸多高档的兰蕙名品，同时在栽培、管理等工作过程中，他都能悉心、认真地去作观察分析和研究，还把平时所遇到的问题和自己如何进行处理的过程，点滴不漏地记录下来，经过几十年的积累之后，他把自己的这些心得体会整理成文，取名《莳兰实验》。

凡读过《莳兰实验》一书的人，都会被郑先生的工作态度和科学精神所感动，书的全文内容，都集中在"如何实验"这个主题中。

例如选盆上盆的原则："栽盆不宜求大，种盆宽，每不见发""宜视根之多寡、长短，以定盆之大小深浅。"接着又介绍翻盆的原则："翻种之法，莫妙于年换新泥，使花得力，易于启发""新花上盆用老土，老花上盆用新土"。又有"湿泥不能翻种，种泥不可晒热。"这些非常概括而精炼的话，没有不是作者自己的实践所得。他提醒养兰人不要小瞧了"泥土"的学问。

又在培护方面，作者提出了"清养"的主张，这个主张是古人或今人都未曾提及过的，因为即或是今天的养兰人，都习惯采用多种带臭气的有机物来浇灌兰蕙，而今郑同梅先生却在本书第三章里介绍："余植花十有余年，今始深信以'清养'为最佳"。何谓"清养"？就是如人吃素一样，不给兰施肥料。也许有人会觉得这是一种因噎废食的态度。

回忆自己的艺兰历程，常有某人把好花种死的这种耳闻，究其死因，多是"伤肥"。毋庸置疑，谁都知道植物栽培过程中施肥肯定是好，但因为施肥的尺度难以把握，譬如有机物是否沤熟？稀释浓度是否合适？会不会浇得过量？事实告诉我们，不施肥，兰花长速可能会缓慢，但不至于死，如果施得不当，兰花就因肥害而枯萎。所以不懂施肥，还不如不要施肥，犹如吃梨一般，你得先咬一口尝一尝体验一下梨的味道，然后你才能得出梨的味道是又脆又甜的概念，给兰施肥也须从不断学做的过程中取得经验，使"风险"变成"保险"的道理。所以上述不同年代的两位湖州艺兰前辈所说都是他们的真心话，并非是因噎废食的消极之说。

为什么郑先生会认为"清养"是莳兰的最佳方法呢？

"盖清养者叶厚而长，色绿而俏，若用肥壮，花虽大，其瓣总不能文秀规矩，一遇阳光重处，必致叶尽倒而后已故，不如'清养'之花叶皆发，且不易受病。""用壮（肥料）虽能速发，久易受病而易败。"这是先生以他十几年的莳兰实践所得出的理由和结论。

中医用药有句四字名言，叫做"虚不受补"，言指体虚弱者只许慢慢调养，千万不可大补，草木何尝不是如此呢？我们知道兰蕙根肉中有"益兰菌"互生，它们能与空气中的氮合成肥料以源源自给，大草、壮草也只需少量补充，何况是对于那些小草、弱草，更应该素养，才能抚育它们逐渐成为大草，这正是郑先生书中的创见之一。

兰花有一个茎（颈）腐病或称褐腐病的，大暑天一不小心，此病就会突然发生，如果名贵的兰花被染上，那损失就特别惨重，常常烂得兰人心疼不已睡不着觉，有人认为它是现代才有的病，细心分析此病的病因是高温、高湿，皆不通风所引起，是古来有之，且冬春也会发生。郑先生称它为"蒸郁"，所以"通风"是预防此病的第一要义。

在本书第十章的第四节里，作者提出"冬季不可就日"。这话的意思不是在说冬季里不要让兰花晒太阳？乍听此话，不禁让人疑窦顿生，心想冬季里气温低，兰花对暖和的阳光如孩子见到娘亲，哪有说"不就日"的道理？细读之后才知先生所指的是冬时天寒，为防止冷空气侵入，放在花房里的兰花当以密闭为妥，一旦被太阳照射，室内气温势必不断升高，湿度随之增大，关在里面的兰花，极易因不透风而受到郁闷，轻则叶生鹧鸪斑，重则病入膏肓，尤是茎（颈）腐病。本书中多处提到不论冬夏春秋天气，兰蕙都宜"爽风"，这就是郑先生在多次提醒兰友们不论冬夏之时，只要兰花受到"蒸郁"，这茎（颈）腐病随时都可能发生。

本书第十章第二节，作者还描述另一种叶脚白黄如珠、细丝绊结如网，称名"伏暑"的兰病，据其特征看，该是现代人所称的白绢病。前些年，兰人们兴起用花生壳及带刺的云南小树叶掺颗粒泥做植料栽兰，数月之后就发现芦根边有白色蛛丝，有人急忙翻盆换泥，受损较小，有人稍迟处理，即整盆枯萎。查原因是这些物质没有进行高温消毒处理，读了《莳兰实验》一书，我们自然会引起对"伏暑"的重视。并感慨真该好好反思自己过去的那些疏忽所致的损失，可以亡羊补牢。

古人书中大都有重视"花性"的论述，但常常被许多兰人所忽略。《莳兰实验》一书里特别强调"草有宜阳、宜阴之别，以色黄者偏阳，以绿者偏阴"，又说"在阳光复草者，叶必厚而阔，挺拔，光亮色嫩绿；在阴光复草者，叶薄而柔、垂软乏华，色娇嫩而少力。"这些变化都是在说兰花的天性。我们不妨联系一下实际来讨论，春兰'余蝴蝶''梁溪梅''元梅'和蕙兰'大一品''虞山梅'等草，不论你如何施肥，它们的草整年四时始终是黄绿色的，这就是因为它们的祖先长期生长在光照较多的阳山上。相反如春兰'十圆''绿英''大富贵'和蕙兰'解佩梅'等，即使不施肥料，叶子颜色却仍然是那么油光深绿，这也是因为它们的祖先长期生长在光照相对偏阴的山上。如果你一下想改变它们的性状，那是很难的事情。我们了解了兰花的基本特性，便于我们对兰蕙放置的环境、场地、位置等，作出合理的布局安排，以满足它们对光照、水分、湿度等不同的需求，使它们生长得舒服。

笔者曾问过有十多年兰龄的几位兰友，你觉得梅瓣花难养还是荷瓣花难养？一致的看法是荷瓣花难养。查阅本书第九章，其中有"性质之异"一席话，郑先生根据自己的观察与实践，在众多的兰蕙里概括地分出"宜阴带燥"的草和"宜阴带潮"的草，并分别列出春兰和蕙兰中几个较熟悉的品种为典型，使我们举一反三地加以有区别地对待。这是很有实际指导意义的。有兰人告诉笔者，自阅读此书之后，懂得了'绿云'等荷花品种的叶特别肥绿，革质层特别厚嫩，俗称它们为"厚肉"，由此判断这类花原为"阴山之花"，有不喜过强光照的特性，从此把一直放在窗口重阳处的"荷花"们，换到靠北墙通风的偏阴处，春时看到长有6片叶的新植株，各叶光润肥环，上面没有黑点或是焦头，草形也变得更加壮而油润。诸如这类经验之谈，书中处处皆是，就像人们吃梨那样，经细细咀嚼后，更会感到果肉脆嫩，满口水甜那样。

你们只知书上死的东西，什么是万物生长靠太阳？其实兰并不喜阴，它喜阳，只是不喜强阳，所以要遮荫，造成一个弱阳的条件，则荫或偏阴。它的本性却并不完全喜欢没有阳光的这种"阴"，只有在兰翻盆分种之后半月左右时间，兰人是要把这兰盆放到真正的阴处，以利服盆。在《莳兰实验》第四章"晒兰"里说："每日晒兰时候，蕙宜三时，兰宜二时，略可加多，不宜再少"，意在强调兰蕙有喜阳的本性，但它不喜强阳，也不喜全阴，最喜"荫"的环境。想想古时兰人曾用竹簾和芦簾遮兰，我们现代兰人用遮阳网覆盖兰房顶部，不就是为了减弱光照强度，让阳光从簾缝和网眼中穿过，以达到兰喜荫（或称偏阴）的要求，而并不是完全喜阴。

郑同梅先生在几十年栽兰的人生里，最使人感动的是莫过于能持之有恒地做到"认真"三字，他对兰花深深地爱，把自己整个身心都投在"意园"这片兰海里，书中每个观点每个结论，都是先摆出一个个亲自观察和研究过的事实，交代实验的过程，让事实来说话，让兰花来说话，自己只在后面概括地作个小结。这就是本书自始至终，以一贯之的基本特色，全书内容都能实话实说，具有实践性、系统性、逻辑性、科学性和实用性，与兰人有共同的语言，有很强的亲和力、说服力、感染力，特别受到兰人们的喜欢，这是古代或今时的一些兰花著作者和他们的著作，无论知识开掘的深度和内容波及的广度，都是有所不及的。

郑同梅先生艺兰素质之高，还体现在保护了许多古传的稀有品种不被湮没，功劳卓著，书末的记事里记有如蕙兰'大魁素'等早就传闻已经绝种，但先生却能在自己的"意园"里把它们和别的所谓已失传的品种一起长期地保存下来。每当谈起这些带有传奇的事情，莫不使今天的爱兰人对郑同梅先生肃然起敬。先生写出一册与众兰书特色不同的兰著《莳兰实验》，证明了实践出真知的哲学观点是永恒的真理，十分出彩，其间也在郑先生的不经意中写出了他最具意义而因之被后人赞美的艺兰人生。